Travel Schedule
여행 일정

MEMO
끄적 끄적

주머니에 쏙! 가벼운 발걸음!
GO
Happy Tour
파리
PARIS
혜지견

이 책을 보는 방법

How to Use This Book

이 책은 크게 지역별 소개와 여행정보 두 부분으로 나뉘어져 있습니다. 지역별 소개 부분에서는 파리를 라탱 지구, 센 강의 우안, 바스티유, 마레 지구, 몽마르트르, 근교 등 지역으로 나누어 각 지역의 교통정보와 지도를 소개하고, 각 지역은 또 네 개의 소단원으로 나누어 가장 인기 있는 명소, 쇼핑, 식당, 숙소 정보를 수록하였습니다.

이밖에 이 책은 쇼핑과 맛집 탐방을 좋아하는 분들을 위해 가장 유명한 맛집과 특이한 제품들을 파는 가게들을 두루 소개하였습니다. 이 책과 함께라면 파리를 자유롭게 누비는데 충분할 것입니다.

여행정보 부분에서는 최대한 독자를 고려하여 현지 교통, 유의할 점 등 필수 정보와 함께 실용 회화를 실어 누구든지 쉽게 파리 여행을 할 수 있도록 하였습니다.

여행 중에 필요한 정보를 쉽게 찾을 수 있도록 관광명소, 상점, 식당, 숙소 순서로 전화, 팩스, 주소, 홈페이지, 오픈시간, 휴식시간, 교통 등이 포함된 기본 자료를 수록하였고 쉽게 알아볼 수 있도록 다음과 같은 범례를 사용하였습니다.

🔺 지도페이지 & 좌표	🄵 팩스	🆆 홈페이지
🐾 교통	⏱ 업무시간	@ E-mail
🏠 주소	休 휴업일	💲 가격
☎ 전화	💲 가격	

이 책에 사용된 가격은 유로화(€)를 기준으로 하였습니다. 유로는 한화 약 1400원입니다. 책에 수록된 자료(교통, 비용, 오픈시간, 주소, 전화 등)은 2008년 4월 이전 기준이며 비용부분은 변동되기 쉬우니 유의하시기 바랍니다.

주머니에 쏙! 가벼운 발걸음! Happy tour 파리

- **가볍고 편안한 크기, 두껍고 무거운 여행서는 BYE BYE!**
  크기 10×21cm, 무게 200g, 편안하고 부담이 없어 주머니든 가방이든 어디에도 OK!!

- **만족스러운 정보들이 ALL IN ONE!**
  알짜 정보만 모아서 꼭 가보아야 할 관광명소, 맛보아야 할 음식, 쇼핑장소에 대한 정보를 모두 수록하였습니다.

- **효율적인 구성으로 언제 어디서든 쉽게 찾아 사용한다!**
  각 지역을 장과 절로 나누고 지도를 수록하여 필요한 정보를 쉽게 찾을 수 있습니다.

- **관광명소+식당+쇼핑+숙소, 나도 이제 여행전문가!**
  책에 수록된 곳을 스스로 선택하여 자신이 원하는 완벽한 여행계획(2박 3일, 4박 5일)을 짤 수 있습니다.

- **여행 필수 품목 No.1!**
  참신하고 예쁜 디자인, 한손에 쏙 들어가는 사이즈, 비닐 표지로 싸여있어 어디든지 들고 다닐 수 있습니다.

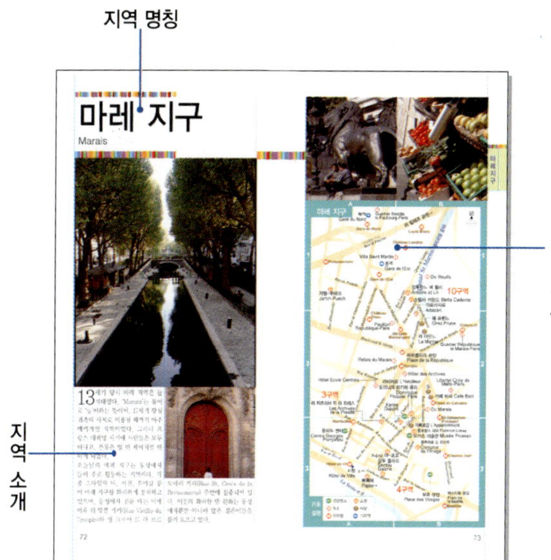
지역 명칭
지역별 지도
지역 소개
마레 지구
Marais
72
73

명소(한국어&영어)
지도좌표&페이지
명소 정보
지역 색인&단원(명소·식당·숙박)
명소
퐁피두 센터
Centre Pompidou
74
75

METROPOLITAIN

160 파리 여행 정보

지도색인

기 타

170 여행 회화 Travel Conversation

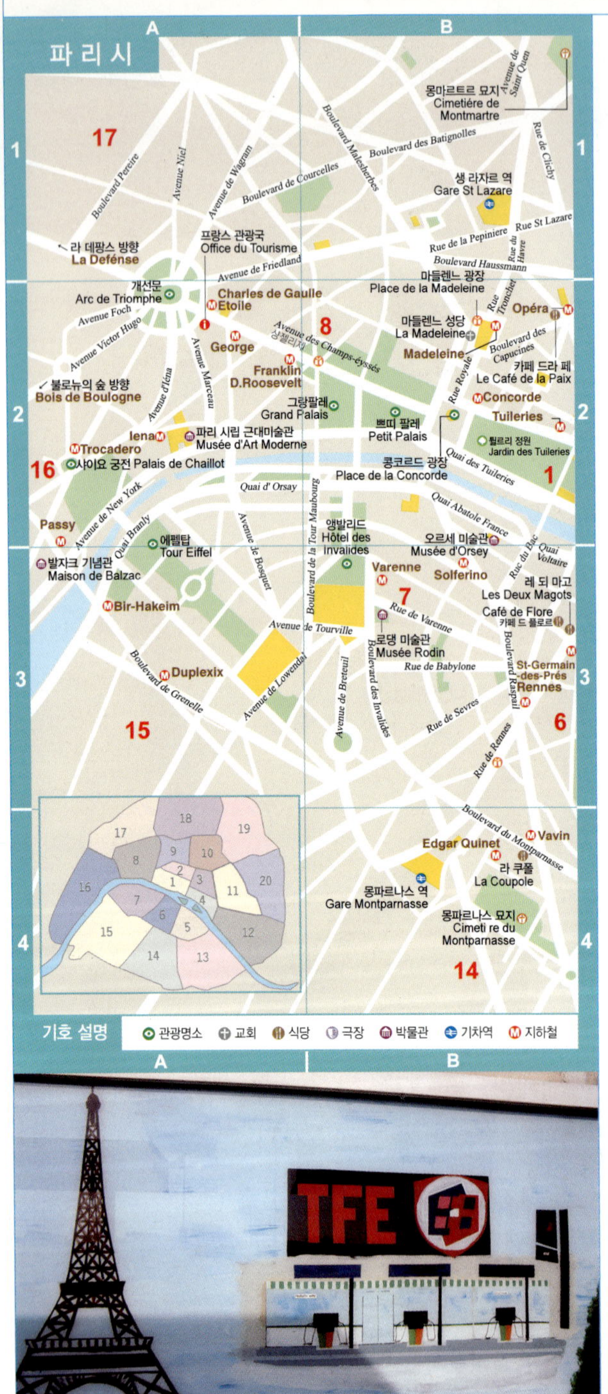
파리시
A
B
17
1
몽마르트르 묘지
Cimetiére de Montmartre
생 라자르 역
Gare St Lazare
Avenue de Saint Quen
Rue de Clichy
Boulevard Malesherbes
Boulevard des Batignolles
Rue de la Pepiniere
Rue St Lazare
Rue du Havre
Boulevard Haussmann
마들렌느 광장
Place de la Madeleine
라 데팡스 방향
La Défense
프랑스 관광국
Office du Tourisme
Avenue de Friedland
Avenue Niel
Avenue de Wagram
Boulevard de Courcelles
Boulevard Pereire
개선문
Arc de Triomphe
Charles de Gaulle Etoile
Avenue Foch
Avenue Victor Hugo
George
8
Avenue des Champs-éyssés
상젤리제
마들렌느 성당
La Madeleine
Opéra
Rue Tronchet
Madeleine
Boulevard des Capucines
카페 드 라 페
Le Café de la Paix
불로뉴의 숲 방향
Bois de Boulogne
Franklin D.Roosevelt
Avenue Marceau
Avenue d'Iena
2
그랑팔레
Grand Palais
쁘띠 팔레
Petit Palais
Rue Royale
Concorde
Tuileries
Iena
파리 시립 근대미술관
Musée d'Art Moderne
Trocadero
샤이요 궁전 Palais de Chaillot
16
콩코르드 광장
Place de la Concorde
Quai des Tuileries
틸리리 정원
Jardin des Tuileries
1
Quai d' Orsay
Avenue de New York
Quai Branly
Avenue de Bosquet
Boulevard de la Tour Maubourg
앵발리드
Hôtel des Invalides
Quai Abatole France
오르세 미술관
Musée d'Orsay
Quai Voltaire
Passy
에펠탑
Tour Eiffel
Varenne
Solferino
7
레 되 마고
Les Deux Magots
Café de Flore
카페 드 플로르
Rue du Bac
발자크 기념관
Maison de Balzac
Bir-Hakeim
Rue de Varenne
로댕 미술관
Musée Rodin
Rue de Babylone
Boulevard des Invalides
St-Germain-des-Prés
Rennes
Boulevard Raspail
3
Duplexix
Boulevard de Grenelle
Avenue de Lowendal
Avenue de Tourville
Avenue de Breteuil
Rue de Sevres
Rue de Rennes
6
15
18
19
17
9
10
8
2
3
16
1
11
20
7
4
6
5
12
15
14
13
Boulevard du Montparnasse
Vavin
Edgar Quinet
라 쿠폴
La Coupole
몽파르나스 역
Gare Montparnasse
몽파르나스 묘지
Cimeti re du Montparnasse
14
4
기호 설명   관광명소   교회   식당   극장   박물관   기차역   지하철
A
B
TFE

18
물랭루즈
Moulin Rouge
사크레쾨르 대성당
Basilique de Sacré Coeur
테르트르 광장
Place du Tetre
Abbesses
Boulevard de Clichy
Boulevard de Rochechouart
Boulevard de la Chapelle
북역
Gare du Nord
Rue du Faubourg St Denis
Avenue Jean Jaures
Rue Manin
Boulevard de Magenta
Rue la Fayette
Rue du Faubourg St Martin
9
Rue de Maubeuge
Rue de Châeaudun
Rue La Fayette
동역
Gare du l'Est
Boulevard de la Villette
Boulevard Montmartre
Boulevard des Italiens
Boulevard Poissonniée
Boulevard Bonnie Nouvelle
Boulevard de Strasbourg
Boulevard St Martin
레퓌블리크 광장
Place de la République
페르 라셰즈 묘지 방향
Rue du 4 Septembre
Rue Réumur
2
풍피두 센터
Centre Pompidou
Avenue de la République
Boulevard Voltaire
Boulevard du Temple
Boulevard Richard Lenoir
Cimeti re du Pére Lachaise
3
Rue Saint Honoré
Palais-Royal
Musée du Louvre
루브르 박물관
Musée du Louvre
Boulevard de Séastopol
Rue du Renard
Rue Beaubourg
Rambuteau
피카소 미술관
Musée Picasso
Boulevard Beaumarchais
Rue de Rivoli
Francs-Bourgeois
보쥬 광장
Place des Vosges
Quai du Louvre
Pont des Arts
풍뇌프
Pont Neuf
Quai Montebello
시청
Hôtel de Ville
Quai de l'Hôtel de Ville
Rue de Rivoli
Rue St Antoine
빅토르위고 기념관
Maison de Victor Hugo
St Chapplle
Cité
4
바스티유 광장
Place de la Bastille
생 제르맹 데 프레 교회
St Germain des Prés
île de la Cit
노트르담 대성당
Cath drale Notre-Dame
île St Louis
Quai des Celestins
Bastille
Rue du Faubourg St Antoine
St-Michel
Mabillon
Boulevard St Germain
생 세브랭 교회
Saint Severin
클뤼니 박물관
Musée de Cluny
소르본느 대학
Sorbonne
셰익스피어 서점
Shakespeare & Co.
Quai de la Tournelle
Quai St Bernard
Boulevard Morland
La Seine 세 강
Avenue Ledru Rollin
Rue de Lyon
바스티유 오페라
Opéra de Bastille
Viaduc des Arts
Avenue Daumesnil
릭상부르 공원
Jardin du Luxembourg
Cardinal-Lemoine
Luxemburg
팡테옹
Panthéon
Jussieu
식물원
Jardin des Plantes
모스께
Mosquée
뱅센느 숲 방향
Bois de Vincennes
리옹역
Gare de Lyon
Boulevard St Michel
5
라 클로즈리 데 릴라
La Closerie des Lilas
Boulevard de Port Royal
Avenue des Gobelins
Boulevard St Marcel
Boulevard de l'Hopital
Gare d'Austerlitz
Quai d'Austerlitz
Quai de la Gare
Quai de la Rapé
Quai de Bercy
이탈리아 광장
Place d'Italie
Boulevard Vincent Auril
국가도서관
Bibliothèquo
정부기관 묘지 공원 쇼핑 인포메이션

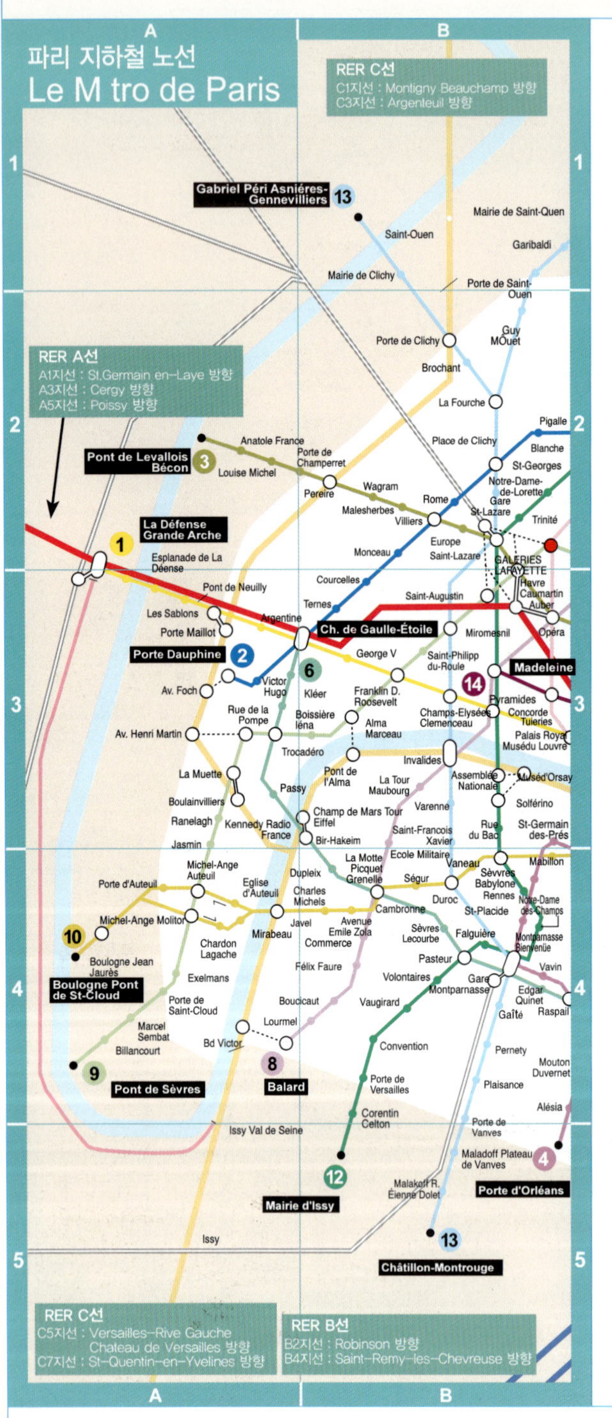
A
B
파리 지하철 노선
Le M tro de Paris
RER C선
C1지선 : Montigny Beauchamp 방향
C3지선 : Argenteuil 방향
1
1
Gabriel Péri Asniéres-
Gennevilliers 13
Mairie de Saint-Quen
Saint-Ouen
Garibaldi
Mairie de Clichy
Porte de Saint-Ouen
RER A선
A1지선 : St.Germain en-Laye 방향
A3지선 : Cergy 방향
A5지선 : Poissy 방향
Porte de Clichy
Guy MOuet
Brochant
La Fourche
Pigalle
2
2
Place de Clichy
Anatole France
Blanche
Pont de Levallois Bécon 3
Porte de Champerret
St-Georges
Louise Michel
Notre-Dame-de-Lorette
Pereire
Wagram
Rome
Gare St-Lazare
Trinité
Maleshesbes
Villiers
La Défense Grande Arche 1
Monceau
Europe
Saint-Lazare
GALERIES LAFAYETTE
Esplanade de La Déense
Courcelles
Havre Caumartin
Pont de Neuilly
Auber
Les Sablons
Ternes
Saint-Augustin
Argentine
Opéra
Porte Maillot
Ch. de Gaulle-Étoile
Miromesnil
Porte Dauphine 2
George V
Saint-Philipp du-Roule
Madeleine
6
Av. Foch
Victor Hugo
Kléer
Franklin D. Roosevelt
14
Pyramides
Concorde Tuieries
Rue de la Pompe
Boissière Iéna
Champs-Elysées Clemenceau
Palais Royal Muséd Louvre
Av. Henri Martin
Alma Marceau
Trocadéro
Invalides
Assemblée Nationale
Muséd'Orsay
La Muette
Pont de l'Alma
La Tour Maubourg
Solférino
Passy
Varenne
Rue du Bac
St-Germain des-Prés
Boulainvilliers
Champ de Mars Tour Eiffel
Ranelagh
Kennedy Radio France
Bir-Hakeim
Saint-Francois Xavier
Jasmin
Ecole Militaire
Vaneau
Mabillon
Michel-Ange Auteuil
Dupleix
La Motte Picquet Grenelle
Ségur
Sèvvres Babylone
Porte d'Auteuil
Eglise d'Auteuil
Charles Michels
Duroc
Rennes
Notre-Dame des-Champs
Cambronne
St-Placide
Michel-Ange Molitor
Javel
Avenue Emile Zola
Sèvres Lecourbe
Falguière
Montparnasse Bienvenue
10
Mirabeau
Commerce
Chardon Lagache
Pasteur
Vavin
Boulogne Jean Jaurès
Félix Faure
Volontaires
Gare Montparnasse
Edgar Quinet
Exelmans
Boulogne Pont de St-Cloud
Boucicaut
Vaugirard
GaÎté
Raspail
Porte de Saint-Cloud
Marcel Sembat
Lourmel
Pernety
Billancourt
Bd Victor
Convention
Mouton Duvernet
9
8
Plaisance
Pont de Sèvres
Balard
Porte de Versailles
Alésia
Issy Val de Seine
Corentin Celton
Porte de Vanves
Maladoff Plateau de Vanves
4
12
Malakoff R. Éienne Dolet
Porte d'Orléans
Mairie d'Issy
13
Issy
Châtillon-Montrouge
5
5
RER C선
C5지선 : Versailles-Rive Gauche
Chateau de Versailles 방향
C7지선 : St-Quentin-en-Yvelines 방향
RER B선
B2지선 : Robinson 방향
B4지선 : Saint-Remy-les-Chevreuse 방향
A
B

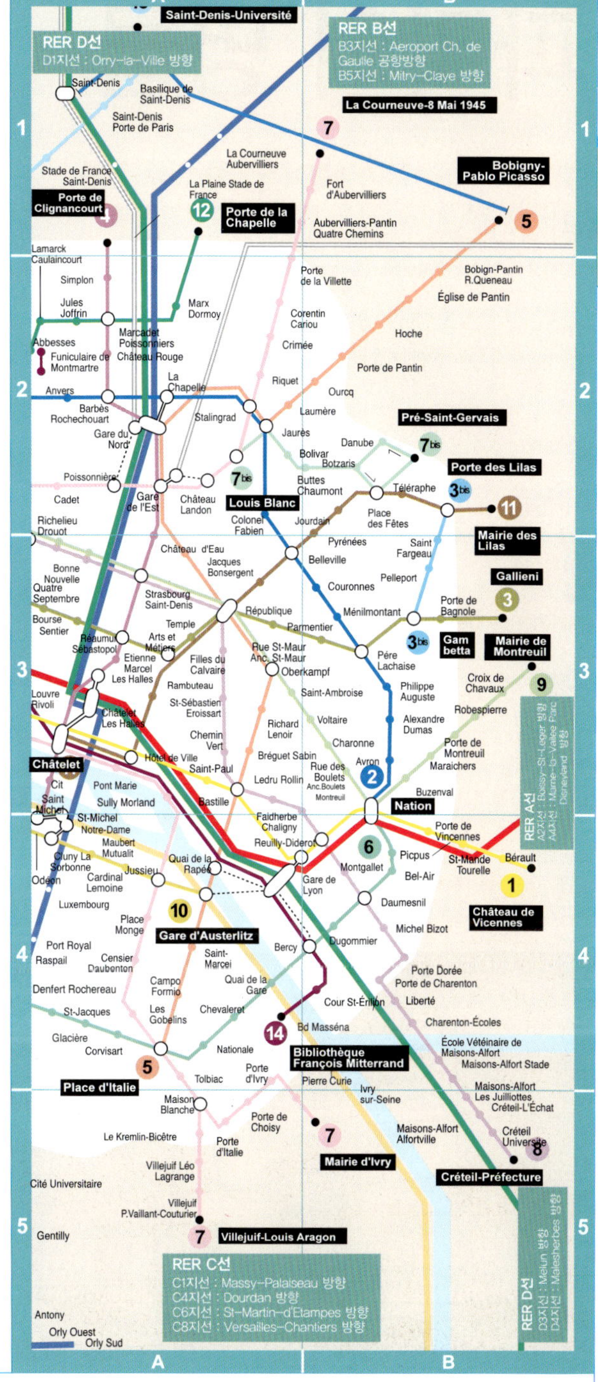
A
B
Saint-Denis-Université
RER D선
D1지선 : Orry-la-Ville 방향
RER B선
B3지선 : Aeroport Ch. de Gaulle 공항방향
B5지선 : Mitry-Claye 방향
La Courneuve-8 Mai 1945
Saint-Denis
Basilique de Saint-Denis
Saint-Denis Porte de Paris
La Courneuve Aubervilliers
7
Bobigny-Pablo Picasso
Stade de France Saint-Denis
La Plaine Stade de France
Fort d'Aubervilliers
Porte de Clignancourt
12
Porte de la Chapelle
5
Aubervilliers-Pantin Quatre Chemins
Lamarck Caulaincourt
Porte de la Villette
Bobign-Pantin R.Queneau
Simplon
Jules Joffrin
Marx Dormoy
Corentin Cariou
Église de Pantin
Abbesses
Marcadet Poissonniers
Château Rouge
Crimée
Hoche
Funiculaire de Montmartre
La Chapelle
Riquet
Porte de Pantin
Anvers
Stalingrad
Laumère
Ourcq
Pré-Saint-Gervais
Barbès Rochechouart
Jaurès
Danube
7 bis
Gare du Nord
Bolivar
Botzaris
Porte des Lilas
Poissonnière
Château Landon
7 bis
Buttes Chaumont
Téléraphe
3 bis
11
Cadet
Gare de l'Est
Louis Blanc
Colonel Fabien
Place des Fêtes
Mairie des Lilas
Richelieu Drouot
Château d'Eau
Jourdain
Pyrénées
Saint Fargeau
Gallieni
Bonne Nouvelle
Jacques Bonsergent
Belleville
Pelleport
3
Quatre Septembre
Strasbourg Saint-Denis
République
Couronnes
Porte de Bagnole
Bourse
Temple
Parmentier
Ménilmontant
3 bis
Gam betta
Mairie de Montreuil
Sentier
Réaumur Sébastopol
Arts et Métiers
Rue St-Maur Anc. St-Maur
Père Lachaise
Étienne Marcel
Filles du Calvaire
Oberkampf
Philippe Auguste
Croix de Chavaux
9
Les Halles
Rambuteau
Saint-Ambroise
Alexandre Dumas
Robespierre
Louvre Rivoli
St-Sébastien Eroissart
Voltaire
Porte de Montreuil
Châtelet Les Halles
Chemin Vert
Richard Lenoir
Charonne
Maraichers
Châtelet
Hôtel de Ville
Saint-Paul
Bréguet Sabin
Avron
Buzenval
Cit Saint Michel
Pont Marie
Ledru Rollin
Rue des Boulets Anc.Boulets Montreuil
2
Nation
St-Michel Notre-Dame
Sully Morland
Bastille
Faidherbe Chaligny
Porte de Vincennes
Maubert Mutualit
Reuilly-Diderot
Picpus
St-Mande Tourelle
Bérault
Cluny La Sorbonne
Cardinal Lemoine
Quai de la Rapée
Montgallet
Bel-Air
1
Odéon
Jussieu
Gare de Lyon
Daumesnil
Château de Vicennes
Luxembourg
Place Monge
10
Michel Bizot
Port Royal
Gare d'Austerlitz
Bercy
Dugommier
Raspail
Saint-Marcei
Denfert Rocherou
Censier Daubenton
Quai de la Gare
Porte Dorée
Porte de Charenton
St-Jacques
Campo Formio
Chevaleret
Cour St-Érillon
Liberté
Les Gobelins
14
Bd Masséna
Charenton-Écoles
Glacière
Corvisart
Nationale
Bibliothèque François Mitterrand
École Vétérinaire de Maisons-Alfort
5
Maisons-Alfort Stade
Place d'Italie
Maison Blanche
Tolbiac
Porte d'Ivry
Pierre Curie
Ivry sur-Seine
Maisons-Alfort Les Juilliottes
Créteil-L'Échat
Le Kremlin-Bicêtre
Porte d'Italie
Porte de Choisy
7
Maisons-Alfort Alfortville
Créteil Université
8
Villejuif Léo Lagrange
Mairie d'Ivry
Créteil-Préfecture
Cité Universitaire
Villejuif P.Vaillant-Couturier
Gentilly
7
Villejuif-Louis Aragon
RER C선
C1지선 : Massy-Palaiseau 방향
C4지선 : Dourdan 방향
C6지선 : St-Martin-d'Etampes 방향
C8지선 : Versailles-Chantiers 방향
Antony
Orly Ouest
Orly Sud
RER A선
A2지선 : Boissy-St-Leger 방향
A4지선 : Marne-la-Vallée Parc Disneyland 방향
RER D선
D3지선 : Melun 방향
D4지선 : Malesherbes 방향
파리지도 근교

파리의 명물

파리는 오랜 역사를 가진 도시이자, 세계의 최신 패션을 이끄는 도시이기도 하다. 파리를 개선문(Arc de Triomphe de l'Etoile)이나 루브르 박물관(Musée du Louvre)만의 도시라고 생각해서는 안 된다. '신(新) 개선문'이라고도 불리는 라 데팡스(La Défence)의 그랑 아쉬(Grand Arch)는 멀리 개선문과 마주하고 있고, 루브르 박물관에서는 초현대적으로 설계된 유리 피라미드가 새로운 상징물로 떠오르고 있다. 건축, 패션 등을 막론하고 세계적 수준의 거장들은 모두 이곳 파리에서 날개를 펼치고 있다. 파리는 끊임없이 흥미로운 얘깃거리로 사람들을 끌어당기는, 모든 사람들이 동경하는 꿈의 도시이다.

개선문
Arc de Triomphe

- P10A2
- 지하철 1, 2, 6호선을 타고 Charles de Gaulle Etoile 역에서 하차
- Place Charles de Gaulle Etoile
- 33-1-4380-3131
- 4~9월 9:30~23:00
  10~3월 10:00~22:30

파리의 중요한 행사는 개선문(Arc de Triomphe)에서 시작되는데 그중 가장 대표적인 행사는 나폴레옹 생일 기념행사이다. 나포레옹 생일 기념행사는 매년 10월 12일 나폴레옹 생일날 해가 개선문의 정중앙에서 떨어지는 그 순간에 거행된다.

나폴레옹 시대의 대표적인 상징물인 개선문은 원래 나폴레옹이 전쟁에서 승리한 것을 기념하고 나폴레옹 군대가 돌아올 때 그들을 환영하기 위해 지어졌다. 1806년에 개선문을 착공한 이래로 1815년에는 나폴레옹의 퇴위와 함께 개선문 공사도 지체되어 1836년에 이르러서야 높이 50m의 거대한 문이 완성될 수 있었다. 나폴레옹의 유해와 군대는 1840년에야 비로소 이 문을 통과할 수 있었다.

에펠탑
Tour Eiffel

P10A2

지하철 6호선 Bir Hakeim 역에서 하차. 또는 6, 9호선의 Trocadero 역에서 하차

5 Avenue Antole France Champ de Mars 75007 Paris

33-1-4411-2323

1~6월 중순, 9~12월
엘리베이터 9:30~23:00
계단 9:30~18:30 개방
6월 중순~8월
엘리베이터 9:00~자정
계단 9:30~자정까지 개방

엘리베이터 요금 :
성인 1층(€4.20), 2층(€7.70),
전망대(€11),
12세 이하 어린이 1층(€2.30),
2층(€4.20), 전망대(€6)
계단 : 1인당 €3.00
3세 이하 어린이는 무료

www.tour-eiffel.fr

낭만적인 파리를 체험하고 싶다면 해가 질 무렵의 에펠탑에 가자.

에펠탑(Tour Eiffel)은 높이 320m의 탑으로 만국박람회를 기념하여, 지어진 것이다. 1887년부터 1931년까지, 뉴욕 엠파이어어스테이트 빌딩이 지어지기 전까지 45년간 에펠탑은 세계에서 가장 높은 건축물이었으며, 지금도 여전히 파리를 대표하는 가징 유명한 상싱이다. 이 철탑은 강풍에도 견딜 수 있는 철근 대칭설계로 유명한데, 실용적이면서도 미적 감각을 고려한 것이다.

에펠탑은 3층으로 구분되는데, 관광객이 가고자하는 층수에 따라 다른 요금을 받는다. 여행 성수기에 1, 2시간쯤 줄서서 기다리는 것은 아주 흔한 일이다.

석양이 질 무렵에는 서로 다른 풍경을 감상할 수 있어 좋다. 특히 불이 훤히 켜진 개선문 방향은 볼거리가 다양하다.

콩코르드 광장
Place de la Concorde

 P10B2

 지하철 1, 8, 12호선을 타고 콩 Concorde 역에서 하차

콩코르드 광장(Place de la Concorde)은 18세기에 만들어졌다. 재미있는 것은 이름인 '콩코르드(역사와 화합이라는 뜻)'가 사실은 '화합'과는 전혀 관계가 없다는 점이다. 콩코르드 광장의 원래 이름은 '루이 15세 광장'으로, 국왕의 조각상을 전시하는 곳이었다. 후에는 '혁명광장'으로 이름이 바뀌었으며 단두대가 국왕의 조각상을 대체하였다. 1793~1795년 사이에 루이 16세와 마리 앙투아네트를 포함한 1000여 명의 사람들이 이곳에서 처형되었다.

피가 강물을 이룬 참담한 역사를 씻어내기 위해 광장은 재건되었고 이름 역시 콩코르드 광장으로 바뀌었다. 분수는 이곳을 밝고 활기찬

분위기로 바꾸어 놓았고, 주변에는 프랑스의 대표적인 8개 도시를 상징하는 조각상이 설치되었다. 콩코르드 광장은 프랑스 정치에서 상징적인 의미를 갖고 있기 때문에 이곳에서는 국경절 열병식 및 크고 작은 시위, 행진 등이 열리곤 한다.

루브르 피라미드
Pyramide du Louvre

 P11C2

 지하철 1, 7호선을 타고 Palais Royal–Musée du Louvre 역에서 하차

 9:00~18:00 개관.
월요일·수요일 9:00~21:45

 매주 화요일, 공휴일

 매달 첫 번째 일요일은 무료입장(시즌마다 가격 변동이 심함)

 www.louvre.fr

1190년 프랑스 필립 오귀스트(Philippe Auguste)왕은 방어를 위한 요새로 루브르 궁을 건립하였다. 루브르 피라미드(Pyramide du Louvre)의 찬란한 역사는 1360년 샤를르 5세(Charles V)가 이곳을 황실이 거주하는 곳으로 바꾸면서 시작되었다. 20세기에 들어서서 루브르 피라미드는 박물관으로 개방되어 전 세계 수많은 관광객들이 이곳을 찾았다. 점차 전시 공간이 새로 필요하게 되자 대대적인 리모델링을 실시하였다.

저명한 화교 건축가인 페이는 지하철과 버스의 운행 등을 고려하여 45,000㎡에 달하는 초대형 규모의 지하 공사를 진행하였고, 유리로 피라미드를 만들어 박물관 입구에 두었다. 유리 피라미드에는 스테인리스 틀에 투명하게 특수 제작된 유리가 사용되었다. 알루미늄 틀과 유리는 완벽하게 평평하여 관람객들은 유리의 굴절이나 잡색에 의해 방해받지 않고 작품을 감상할 수 있다. 투명한 유리 피라미드는 뒤쪽의 루브르 박물관을 가리지도 않을 뿐더러, 지하 전시공간에 자연채광을 제공하는 통로 역할을 하기도 한다.

오르세 미술관
Musée d'Orsay

P10B2

지하철 12호선 Solferino 역에서 하차, 또는 RER C선 Musée d'Orsay 역에서 하차

62 rue de Lille 75343 Paris Cedex 07

33-1-4049-4814

9:30~18:00
목요일은 9:30~21:45

월요일 휴관

성인 €8, 우대표 €5.5

www.musee-orsay.fr

센 강변에 위치한 오르세 미술관(Musée d' Orsay)의 전신은 기차역이다. 오를레앙(Orleans) 철도회사가 1900년 만국박람회를 위해 건설한 것으로, 당시 파리 시민들은 기차역 건설이 센 강의 경관을 해친다고 우려했었다. 그러자 오를레앙 철도회사는 랄루(Laloux) 등 3명의 저명한 건축가를 초빙하여 센 강을 중심으로 루브르 박물관, 콩코르드 광장과 마주보는 아름다운 기차역으로 설계하였다.

오르세 미술관의 1층에는 1870년대의 회화작품이 많다. 인상파 및 후기인상파의 작품은 3층, 자연주의, 상징주의 작품은 2층에 전시되어 있다. 로비와 2층에서는 로댕, 도미에, 카르포 등 거장의 조각 작품을 대거 접할 수 있다.

기차역을 개조하여 만든 오르세 미술관은 들라크루아의 낭만주의를 필두로 앵그르의 신고전주의, 밀레의 바르비종파 자연주의, 쿠르베의 사실주의, 회화 감각, 빛, 그림자를 중요하게 여기는 인상파 등을 포함한 19세기 회화작품을 가장 잘 감상할 수 있는 최적의 장소로 손꼽힌다. 인상파에는 모네, 르누아르, 시슬리, 세잔, 드가 등의 작가가 있으며, 그중 르누아르의 《물랭 드 라 갈레트(Moulin de la Galette)》, 반 고흐의 《자화상》, 모네의 수많은 작품 등은 이 전시관의 보물이다. 1986년 프랑스 정부는 폐쇄된 기차역을 오르세 미술관으로 개조하기로 결정하고, 전시할 작품들을 루브르 박물관 및 인상파 미술관 등에서 가져왔다. 1848년부터 1914년까지의 다양한 작품, 특히 앵그르의 신고전주의 작품부터 후기 인상파까지의 작품이 집중적으로 전시되어 있으며 이밖에 카르포의 《무용(舞踊)》, 로댕의 《지옥문》, 드가의 《발레연습》 등도 있다.

라탱 지구
Quartier Latin
la hune

라탱 지구
Quartier Latin

라탱 지구는 문화적 색채가 짙은 지역이다. 12세기 파리 제 1대학이 이곳에 설립된 이래, 소르본느 대학, 프랑스 대학, 프랑스 의과대학 등 주요 대학이 모두 이곳에 자리잡았다. 출판사, 서점, 화랑 등이 밀집되어 있기 때문에 학생 및 젊은 층들이 주로 찾으며 저렴하고 맛있는 식당, 인테리어 소품점, 카페 등 다양한 볼거리가 있다.

명소

뤽상부르 공원
Jardin du Luxembourg

- P22B2
- 지하철 4호선 Saint-Sulpice역, 또는 10호선 Mabillon역에서 하차하거나, RER B선 Luxemburg역에서 하차
- boulevard Saint-Michel
- 33-1-4234-2000
- 여름 7:00 ~ 일몰 1시간 전
  겨울 8:00~ 일몰 1시간 전

뤽상부르 공원(Jardin du Luxembourg)에 가면 수많은 인파를 구경할 수 있다. 날씨가 맑은 주말이나 휴일이면 근처의 주민, 학생, 관광객들이 더해져 공원 근처에는 더욱더 사람들로 북적인다.

뤽상부르 궁은 프랑스 황제인 루이 4세의 황후 마리 드 메디시스(Marie de Medicis)가 이탈리아 피티 궁전(Palais Pitti)에서 영감을 받아 지은 궁전이다. 궁전을 둘러싸고 있는 뤽상부르 공원은 총 면적이 25헥타르에 달한다. 공원 안에는 정원 외에 노천 카페, 테니스 코트, 어린이들이 놀 수 있는 놀이터 및 무료로 감상할 수 있는 인형극장도 있다.

라거펠드 갤러리
Lagerfeld Gallery

🔺 P22B1

🚇 지하철 4호선 Saint-Germain-des-Pres 역에서 하차

🏠 40 rue de Seine

☎ 33-1-5542-7550

유명 패션디자이너 Karl Lagerfeld의 개인 브랜드 매장이다. 화랑 스타일로 전시되어 패션이 단순한 패션이 아닌 예술적인 느낌을 풍긴다.

그는 세계적 명품브랜드인 Chanel, Fendi의 수석 디자이너인 동시에 자신의 브랜드로도 패션계에서 명성이 높다. 또한 유명한 사진작가이기도하며 패션은 그의 중요한 촬영 주제가 된다.

팡테옹
Panthèon

🔺 P23C2

🚇 지하철 10호선 Cardinal-Lemoine 역에서 하차

🏠 Place du Pantheon

☎ 33-1-4432-1800

🕐 4~9월 9:30~18:30
10~3월 10:00~18:00

로마 건축 스타일의 팡테옹(Panthèon)은 로마의 팡테온을 정면으로 향하고 있으며, 정문에는 22개의 코린트식 기둥이 줄을 지어 서 있다. 입구 위쪽에는 프랑스 여신이 위인에게 월계관을 씌워 주는 부조가 있다. 팡테옹은 1758년 프랑스의 황제 루이 15세가 병이 나은 것을 감사하며 성녀 주느비에브를 모시기 위해 지은 성당이다. 프랑스 대혁명 이후에는 위인들의 묘지로 사용되고 있다.

라탱 지구
A
B
라거펠드 갤러리
Lagerfeld Gallery
라 펠레트
La Palette
생 제르맹 데 프레 교회
Eglise St-Germain-des-Prés
이에프
IF
Rue des Saints Pères
Rue Jacob
Rue Mazarine
크리스티앙 토르튀
Christian Tortu
1
라 윈 La Hune
St Germain des
Rue de Seine
피에르 에르메
Pierre Hermé
라르뷔씨
L'arbuci
Mabillon
Com. St André
Bd. Saint Germain
St. Michel
Lindbergh
Rue de Four
다니엘 자시악
Daniel Jasiak
St. Sulpice
Rue Bonaparte
Rue de l'Odeon
Odeon
페기 현 킨
Peggy Huyn Kinh
Rue Coëtlogon
Rue Cassette
Rue St. Sulpice
Vanessa Bruno
바네사 브루노
Cluny La
Sorbonne
Des Mines
Plastiques
플라스티끄
Rue Madame
Rue de Vaugirard
Librairie le
Moniteur
리브래리 르
모니떠르
Rennes
Elysa Luxembourg
Dacia Luxembourg
2
Rue de Rennes
렌느 거리
St. Placide
6구역
뤽상부르 공원
Jardin du Luxembourg
N. D. des Champs
Boulevard du Montparnasse
Rue d'Assas
Boulevard Saint Michel
Rue Saint Jacques
2
Vavin
라 쿠폴
La Coupole
르 돔
Le Dome
5구역
Edgar Quinet
Port Royal
3
Raspail
라 클로즈리 데 릴라
La Closerie des Lilas
몽파르나스 묘지
Cimetière du
Montparnasse
Boulevard Raspail
N
A
B

기호 설명   ◎ 관광명소   ⓘ 쇼핑   Ⓗ 숙소   Ⓜ 식당   Ⓜ 지하철

생 세브랭 교회
Saint Severin

셰익스피어 앤
컴퍼니 서점
Shakerspeare & Co.

Musee de Cluny
클뤼니 박물관

Maubert Mutualit

Residence Henri IV

Moderne
Saint Germain

Rue Monge

Rue du Cardinal Lemoine

La Seine 센 강

Cardinal
Lemoine

무페타르 거리 Rue Mouffetard

Jussieu

팡테옹
Panthéon

Place Monge

라 모스께 드 파리
La Mosquée de Paris

Place
Monge

Rue Geoffroy Saint Hilaire

식물원
Jardin des Plantes

Rue Daubenton

Gare
d'Austerlitz

Censier
Daubenton

Libertel
Austerlitz-Paris

Libertel Maxim - Paris

La Demeure

Boulevard Saint Marcel

Boulevard de l'Hopital

Saint Marcel

Boulevard de Port Royal

13구역

무페타르 거리
Rue Mouffetard

P23C2

무페타르 거리(Rue Mouffetard)는 파리에서 가장 오래된 노천 시장 중 하나로 좁고 긴 골목에 형성되어 있다. 매일 아침 일찍 동이 트면 각 상점들은 문을 열고 야채, 과일, 빵, 치즈, 해산물, 햄 등 다양한 제품을 판매한다. 프랑스 정부의 시장 보호를 위한 노력 덕분에 이 거리는 여전히 봉건시대의 모습을 유지하고 있으며, 오랜 세월의 흔적을 간직하고 있다.

라탱 지구 학생들의 수요에 따라 요즘에는 점차 현대적 상점들이 증가하고 있는데, 가격도 저렴하기 때문에 많은 사람들의 호응을 얻고 있다.

몽파르나스 묘지
Cimetiére du Montparnasse

P22A3

지하철 6호천 Edgar Quinet 역에서 하차

3 boulevard Edgar Quinet

생 제르맹 데 프레 교회
Eglise Saint-Germain-des-Près

P22B1

지하철 4호선 Saint-Germain-des-Près 역에서 하차

3 place Saint-Germain-des-Près

33-1-4325-4171

8:00~19:00

파리에 현존하는 가장 오래된 교회로 성물 보존을 위해 542년에 지어진 것이다. 수차례 화재를 겪고 재건된 교회는 로마식으로 지어졌고, 프랑스 대혁명 시기에 다시 훼손되었다가 19세기에 보수되어 지금의 모습이 되었다. 교회는 세상과 완전히 격리된 듯 고요하여 마음의 안정을 찾을 수 있다. 교회 안에는 철

학자 르네 데카르트의 묘도 있다.

📞 33-1-4410-8650

이곳에 잠들어 있는 위인으로는 실존주의 철학자 장-폴 사르트르(Jean-Paul Sartre)와 시몬 드 보부아르(Simone de Beauvoir), 19세기 저명한 소설가인 기 드 모파상(Guy de Maupassant), 《악의 꽃》의 작가 샤를르 보들레르(Charles Baudelaire), 《고도를 기다리며》의 작가 사뮤엘 베케트(Samuel Beckett), 뉴욕 자유의 여신상 작가인 프레데릭 오귀스트 바르톨디(Frédéric Auguste Bartholdi) 등이 있다.

식물원

Jardin des Plantes

📍 P23D3

🚇 지하철 7, 10호선 Jussieu 역에서 하차, 또는 RER C선 Gare d'Austerlitz 역에서 하차

🏠 rue Geoffroy St-Hilaire와 rue Buffon 입구에 위치

🕐 8:00 ~ 일몰까지

루이 13세의 주치의가 설립한 왕실 약초 식물원으로, 식물학, 박물관학, 약학을 가르치는 학교가 부설되어 있다.

식물원 곳곳에는 각종 희귀한 식물 외에도 앉아 쉴 수 있는 의자가 있어 아름다운 풍경을 감상하는 동시에 신선하고 향기로운 공기를 맡으며 휴식을 취할 수도 있다.

1964년에 개방된 식물원에는 알프스, 히말라야의 소나무를 비롯하여, 레바논의 히말라야삼목 등 다양한 지역에서 들여온 식물들이 자라고 있다. 원내에는 이밖에 식물학 박물관, 식물학 학교 등의 연구 기관도 있다.

생 세브랭 교회
Saint Severin

P23C1

지하철 4호선 St-Michel 역에
서 하차

1 rue des-Pretres-St-Severin

33-1-4234-9345

월~금요일 11:00~19:45
토요일 11:00~20:00
일요일 9:00~21:00

고딕식으로 지어진 생 세브랭 교회(Saint Severin)는 화려한 건축 솜씨로 파리에서 가장 아름다운 교회 중의 하나로 손꼽힌다. 그중 내부의 제단을 둘러싸고 있는 회랑은 건축적 아름다움이 가장 뛰어나다고 평가받고 있다. 교회 내부에는 종교적 내용을 나타내는 스테인드 글라스가 가득하다. 특히 빛이 어슴푸레 들어올 때면 더욱 아름답다.

생 땅드레 거리
Com. St André

🔺 P22B1

이 작은 골목은 2분 정도면 입구부터 끝까지 지나갈 수 있다. 하지만 길 양쪽에 늘어서 있는 개성있는 식당과 점포들은 쉽게 발길을 뗄 수 없게 만든다. 특히 완구점인 âge tender et tête de bois와 문구점 Grim Art에는 남녀노소 누구나 좋아할만한 재미있고 귀여운 소품들로 가득하다.

렌느 거리
Rue de Rennes

🔺 P22A2

🔵 지하철 12호선 Rennes 역에서 하차

렌느 거리(Rue de Rennes)는 생 제르맹 대로(Boulevard St–Germain), 몽파르나스 대로(Boulevard du Montparnasse)와 연결되어 있다. 이 거리에는 명품 브랜드숍 외에 일반 잡화점들도 있는데 발품을 팔면 좋은 물건을 발견할 수도 있다. 평범한 물건부터 화려한 작품에 이르기까지 그 종류가 다양하며, 쇼핑하다가 생 제르맹 대로의 레 되 마고(Les Deux Magots)나 카페 드 플로르(Café de Flore) 에 들어가

쉬면 마치 파리지엥이 된 듯 하다.

클뤼니 박물관
Musée de Cluny

🔺 P23C2

🔵 지하철 10호선 Cluny La Sorbonne 역에서 하차

🏠 6 place Paul Painleve

📞 33–1–5373–7800

🕐 9:15〜17:45

🔵 **매주 화요일, 공휴일**

클뤼니 박물관(Musée de Cluny)에서는 중세 채색화 및 친필 원고, 태피스트리, 귀금속, 도자기 등을 전시하고 있다. 사람들의 관심을 가장 많이 받는 것은 대부분을 차지하는 종교적 성물(聖物)이다. 그 중 가장 유명한 것은 《여인과 일각수(La Dame la Licorne)》라는 제목의 태피스트리(실로 그림을 짜넣은 벽걸이 융단)이며, 6장의 그림들이 각각 사람의 오감과 자유를 추구하는 의지 등을 나타내고 있다. 21명의 국왕이 조각된 왕들의 화랑(La Galerie des Rois) 역시 볼 만 하다.

셰익스피어 앤 컴퍼니 서점
Shakespeare & Co.

- P23C2
- 지하철 4호선 St-Michel 역에서 하차
- 37 rue de la Bucherie
- 33-1-4326-9650

셰익스피어 앤 컴퍼니 서점(Shakespeare & Co.)은 인문 정신을 대표하고 있는 서점이다. 이곳의 사장이었던 Sylvia Beach는 일찍이 엘리어트(T. S. Eliot), 헤밍웨이 등의 작가들에게 편집, 재정적 도움 등을 제공하였다. 아일랜드 작가인 제임스 조이스(James Joyce)의 《율리시스(Ulysses)》 역시 그녀의 도움으로 순조롭게 출판되었다. 이러한 전통과 더불어 서점은 지금까지 전도유망한 신진 작가를 지원하고 있다. 이곳에 가서 자신의 작품의 우수성을 잘 얘기하고, 사장에게 보여주면, 아마 이곳에서 며칠 묵을 수 있을 것이다.

쇼핑

라 윈
La Hune

- P22B1
- 170 Boulevard St-Germain
- 33-1-4548-3585

카페 드 플로르(Café de flore) 옆에 위치한 라 윈(La Hune)서점은 광범위한 예술, 디자인 관련 서적으로 유명하다. 서점 안은 간결한 스타일로 인테리어 되어 있다. 1층에는 프랑스 소설, 2층에는 세계 각국의 예술, 디자인, 건축, 패션과 관련된 서적들 위주로 구비되어 있다. 예술에 관심있는 사람들이 이곳에 오면 책을 사느라 지갑이 텅 비게 될지도 모른다.

크리스티앙 토르튀
Christian Tortu

- P22B1
- 지하철 4호선 St-Michel 역에서 하차
- 17 rue des Quatre Vents
- 33-1-5681-0024

쇼윈도에 아기자기한 화분과 화병들이 놓여있어 지나가다 한 번쯤 들어가보고 싶어지는 곳이다.

플로리스트인 Christian Tortu는 화분과 화병을 이용하여 Chanel, Dior 등 명품점의 인테리어 디자인를 하고 있다. 대자연으로부터 영감을 얻어 만든 바디로션, 양초 등의 생활용품도 판해마고 있어 가게 안을 거닐다 보면 몸에 은은한 향기가 배이게 된다.

바네사 브뤼노

Vanessa Bruno

- P22B2
- 25 rue St-Sulpice
- 33-1-4354-4104

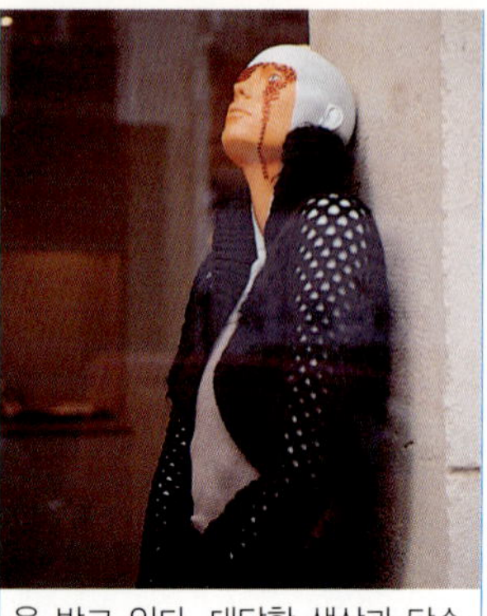

 '여성스러움'이라는 모티브 아래 각자의 개성있는 스타일을 찾을 수 있는 곳이다. 화려한 레이스, 큰 옷깃의 대담한 디자인과 봉긋한 소매, 연잎 모양의 치마 등의 귀여운 디자인을 조합하여 나만의 개성을 살려보자. 여성의 아름다움을 잘 살려주며 몸에 조이지 않고 편안하게 입을 수 있는 스타일을 고수하기 때문에 많은 사람들의 사랑을 받고 있다. 대담한 색상과 단순한 디자인 등의 소품은 구매해볼 만하다.

리브래리 르 모니떠르

Librairie le Moniteur

- P22B2
- 7 place de l'Odeon
- 33-1-4441-1575
- www.groupemoniteur.fr

 파리에는 거의 모든 전공에 관련된 전공서점이 존재하는데 리브래리 르 모니떠르(Librairie le Moniteur)는 바로 건축, 디자인, 인테리어 등의 전문서적을 판매하는 곳이다. 1903년에 출간된 잡지인 『Moniteur des travaux publics』를 시작으로, 지금까지 많은 종류의 건축, 인테리어 관련 서적을 팔고 있다. 건축에 관심 있는 사람이라면 이곳이 바로 보물창고일 것이다.

이에프
IF

P22B1
20 rue Jacob
33-1-4234-5460

심플한 디자인과 합리적인 제품을 좋아한다면 이곳을 지나치지 말자. 가게 안은 온통 흑백으로 장식되어 있고, 판매하는 제품 역시 온통 흰색 아니면 검은색이다. 과장된 장식 없이 단순하지만 정교한 디자인이 이 가게의 특징이다. 옷, 장신구, 편직물, 스카프 외에도 일반 가정에서 사용하는 생활용품들도 다양하게 갖춰져 있다. 유리, 도자기, 테이블보뿐만 아니라 소형냉장고며 주방기기 등이 심플함을 표방하고 있다.

플라스티끄
Plastiques

P22A2

Green Park역에서 도보 6분

103 rue de Rennes

33-1-4548-7588

33-1-4284-1442

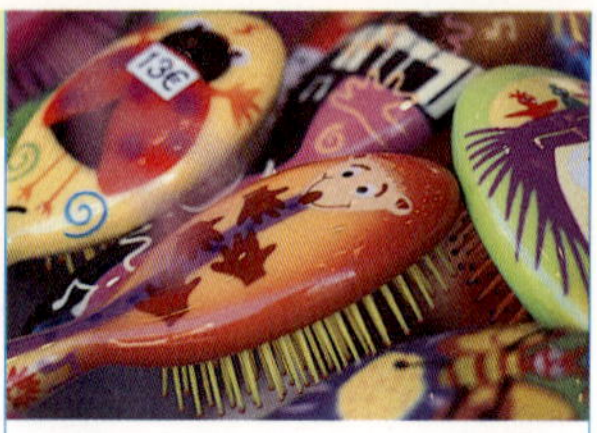

화려한 색상의 물건들은 사람의 정신을 뒤흔드는 마력을 갖고 있는 듯하다. 게다가 생동감 있는 동물모양의 제품들이 절로 손이 가게 만든다. 파란색의 송충이 모양 캔, 노란색의 물고기 모양 도마, 다양한 빗 등 각종 제품들은 동심을 유발한다. 매장 안에는 파리에서 흔히 볼 수 없는 일본 인형들도 많이 있다.

페기 현 킨
Peggy Huyn Kinh

P22B2

11 rue Coetlogon 75006 Paris

33-1-4284-8382

33-1-4284-8384

www.phk.fr

Cartier의 피혁제품 디자인을 맡았던 디자이너 Peggy Huyn Kinh

은 1996년부터 자신의 브랜드를 만들어 각계의 찬사를 받아왔다. 오렌지색 외관의 가게에 들어서면 벽에 걸려있는 가죽 제품을 발견할 수 있다. 실용주의를 표방하는 이곳에서는 악어가죽, 뱀가죽, 멧돼지 가죽 등의 동물 가죽을 주로 사용하며, 대담한 디자인과 흐르는 듯한 라인을 활용하여 유행하는 스타일을 창조한다.

이외에도 특히 존재감이 있는 반지 디자인 등이 추천할 만하다. Peggy Hyun Kinh의 홈페이지 역시 독창적인데, 그녀의 상품 및 디자이너 등에 대해 자세히 설명하고 있다. 온라인 쇼핑도 가능하니 가죽 제품을 좋아한다면 한번 들러보자.

다니엘 자시악
Daniel Jasiak

P22A2

6 rue Cassette

33-1-4222-5850

33-1-4549-2366

www.daniel-jasiak.com

가위로 잘라낸 천을 다른 천에다 바느질하는 일은 말로 하면 아주 간단하지만 사실 아주 치밀한 눈썰미와 손재주가 필요하다. 또한 새로운 작품 하나를 만들어 내는 것은 하나의 옷을 창조해내는 것이기 때문에 쉬운 일이 아니다. 하지만 디자이너 Daniel Jasiak에게 창작

이라는 의미는 '잇고 붙이는' 작업으로 무한한 창조력과 상상력을 발휘할 수 있는 분야이다.

가려진 매장 앞면은 왠지 가까이 하기 어려운 느낌을 갖게 하지만, 일단 들어가 보면 대담한 장신구 등이 눈길을 끈다. 수수한 디자인과 편안해 보이는 옷감 등이 쉽게 매장을 둘러볼 수 있는 용기를 주고, 또한 실망시키지 않을 것이다.

라 쿠폴
La Coupole

P22A3

지하철 4호선 Vavin 역에서 하차

102 boulvard du Montparnasse

33-1-4320-1420

몽파르나스의 주요 도로인 몽파르나스 대로에 위치한 라 쿠폴(La Coupole)은 1927년에 문을 연 오랜 역사를 지닌 카페이다. 당시 한창 번영했던 이곳은 사르트르, 헤밍웨이 등의 작가들도 단골 손님이었다고 한다. 비록 오래된 카페이기는 하지만 내부 장식은 여전하여 당시의 번화했던 풍미를 엿볼 수 있다.

사실 La Coupole은 일반 카페가 아니라 레스토랑과 댄스홀이기도 하다. 쿠폴(Coupole)은 원형 지붕이라는 뜻으로 건물에 원형 지붕이 있는 것이 아니라, 실내 천장 지붕이 원형으로 특이하게 설계되어서 이러한 이름이 붙여졌다. 레스토랑의 내벽에는 모두 몽파르나스 화가의 작품으로 장식되어 고상한 분위기를 더한다.

라 모스께 드 파리
La Mosquée de Paris

P23C3

39 rue Geoffroy Saint-Hilaire

33-1-4331-3820

9:00~24:00

www.la-mosquee.com

식물원 부근에 위치한 라 모스께 드 파리(La Mosquée de Paris)는 1920년대에 지어졌다. 스페인-무어 스타일의 이슬람사원은 파리의 다른 건축물과는 확연히 다른 독특한 분위기를 풍긴다.

모스께는 파리 이슬람 신도들의 신앙의 중심이며, 어렴풋이 스페인 알함브라 궁전(Alhambra)의 분위기가 느껴진다. 백색 첨탑과 내부 벽의 창틀 모양 디자인, 상감기법으로 그려진 그림들이 어우러져 재미있다. 실내의 다양한 카펫, 터키식 목욕탕 역시 가볼만한 가치가 있다.

라 팔레트
La Palette

P22B1

43 rue de Seine

33-1-4326-6815

센 강 우안(右岸)에 걸린 한 장의 커피 광고 사진으로 유명해진 이곳은 창밖으로 바라보이는 빗속의 파리 풍경을 촬영한 곳이다.

전통 있는 프랑스식 카페인 라 팔레트(La Palette)는 예술화랑, 서점, 골동품점 등이 북적이는 지역에 위치하고 있으며, 가게 내에도 예술적 분위기가 충만하다. 유화, 타일그림 등의 작품들은 마치 어두

운 가게 안에 한 줄기 빛이 들어오는 것처럼 빛이 난다. 이곳을 찾는 대부분의 손님들 역시 미술이나 예술 방면 종사자들이 많다.

식당

라 클로즈리 데 릴라
La Closerie des Lilas

D22B3

지하철 4호선 Vavin 역에서 하차

171 boulvard du Montparnasse

33-1-4051-3450

많은 여행 가이드북은 '만약 행운이 있어 젊은 시절에 파리에 머무를 수 있다면 파리는 영원히 당신과 함께 할 것입니다. 왜냐하면 파리는 움직이는 향연이니까요.'라는 헤밍웨이의 말을 인용하고 있다. 이 말은 파리를 광고하는 가장 아름다운 말이 되었고, 이 도시의 매력을 더욱 살려주고 있다.

카페 라 클로즈리 데 릴라(La

Closerie des Lilas) 역시 헤밍웨이로 인해 유명세를 탄 곳이다. 헤밍웨이는 마치 나무로 에워싸인 노천카페처럼 아늑하고 상쾌한 이곳에서 《해는 또다시 떠오른다》라는 작품을 6주 만에 완성하였다.

만약 헤밍웨이의 팬이라면 바 모퉁이에 있는 '헤밍웨이 의자'를 찾아 위대한 작가의 체취를 느껴보는 것도 잊을 수 없는 추억을 가져다 줄 것이다.

피에르 에르메
Pierre Herme

P22B2

72, rue Bonaparte

33-1-4354-4777

33-1-4354-9490

이 작은 가게는 일단 들어서면 왁자지껄 수다스러운 여자들로 가득한 것을 볼 수 있다. 그중에는 일본인이 적지 않은데, 열광적인 일본 고객을 잡기 위해 일본어가 가능한 점원이 따로 서비스를 제공한

다고 한다.

이곳에서 제공하는 훌륭한 간식, 과자들 중에 가장 추천하는 것은 마카롱(Macaron)인데, 동그란 두 개의 과자 사이에 달콤한 크림을 발라 넣은 것이다. 커피, 초콜릿에서부터 피스타치오, 라즈베리, 장미 등의 다양한 맛과 색상은 당장이라도입으로 집어넣고 싶은 충동을 느끼게 한다.

라르뷔씨
L'arbuci

◭ P22B1

◈ 지하철 4호선 St-Germain 역에서 하차하거나, 10호선 Mabillon 역에서 하차하여 도보 3분

🏠 25 Rue de Buci 75006 Paris

☎ 33-1-4432-1600

💲 Menu de Buci 코스요리(전채, 메인, 디저트 포함) €30.00 해산물세트 €33.5.

🌐 www.arbuci.com

보라 계열의 색으로 장식된 라르뷔씨(L'arbuci)는 생 제르맹 지역의 인기 레스토랑이다. 맛있는 음식뿐만 아니라 흥겨운 분위기까지 즐길 수 있으며 주말에는 아주 멋진 재즈 연주까지 라이브로 연주된다.

L'arbuci는 매일 노르망디, 브르타뉴 등지에서 신선한 해산물을 들여와 레스토랑 앞에 전시하여 손님들을 맞이한다. 이곳에서는 당연히 해산물 요리가 최고로 손꼽히며, 연어 애피타이저에 오이, 수박을 곁들이고, 그 위에 올리브유를 뿌린 후, 다시 잣가루를 뿌려서 생각지도 못한 미각 체험을 해볼 수 있다. 특히 수박을 이용한 요리는 창의성이 돋보인다.

르 돔
Le Dome

◭ P22A3

🏠 108 boulevard du Montparnasse

☎ 33-1-4335-2581

몽파르나스 대로에는 유명한 카페가 여러 개 있는데, 르 돔(Le Dome)의 유명세는 그다지 대단하지 않지만 추천할 만하다. 그 이유는 두 가지인데, 첫째, 바깥의 등나무 의자와 책상이 병풍처럼 자리하고 있어 햇볕을 막아주고, 둘째, 내부 인테리어가 전형적인 프랑스 스타일이라는 점이다. 예산이 허락한다면 가서 해산물요리를 맛보는 것도 좋다.

레스토랑 내부에는 이곳을 방문한 손님들의 사진이 걸려있다. 예

전에 피카소가 앉았던 의자에 앉아보는 것도 또 다른 재미이다. 하지만 커피를 마시면서 한가롭게 앉아있고 싶다면 노천 테이블을 이용하는 것이 좋다.

H 숙박

쁠라스 몽쥬
Place Monge

 P23C2
🏠 56 rue Mouffetard 05EME Paris
💲 €72~€123

리베르뗄 막심-파리
Libertel Maxim - Paris

🔺 P23C3
🏠 28 Rue Censier 75005 Paris
☎ 33-1-4331-1615
💲 €65~€125

데 민느
Des Mines

🔺 P22B2
🏠 125 Boulevard St Michel 75005 Paris
☎ 33-1-4354-3278
💲 €70~€99
🌐 www.hotel-desmines-paris.com

리베르뗄 오스테를리츠-파리
Libertel Austerlitz - Paris

🔺 P23D3
🏠 12 Boulevard de l'Hopital 75005
☎ 33-1-4337-6080
📠 33-1-4707-1165
💲 €55.5~€117

모데른느 생 제르맹
Moderne Saint Germain

🔺 P23C2
🏠 33 rue des Ecoles -75005 Paris
💲 €76~€126

린드버그
Lindbergh

🔺 P22A1
🏠 5 rue Chomel 75007 Paris
☎ 33-1-4548-3553
💲 €65~€115
🌐 www.hotellindbergh.com

레지당스 앙리 IV
Residence Henri IV

🔺 P23C2
🏠 50 rue des Bernardins, 75005 Paris
☎ 33-1-4441-3181
📠 33-1-4633-9322
💲 €89~€326
🌐 www.residencehenry4.com

엘리자 뤽상부르
Elysa Luxembourg

🔺 P22B2
🏠 6 rue Gay Lussac 75005
💲 €74~€131

다씨아 뤽상부르
Dacia Luxembourg

🔺 P22B2
🏠 41 boulevard St Marcel 75005
☎ 33-1-5310-2777
📠 33-1-4407-1033
💲 €70~€105

라 드뫼르
La Demeure

🔺 P23C3
🏠 51 boulevard St Michel 75013
☎ 33-1-4337-8125
📠 33-1-4587-0503
💲 €92~€138

식당

숙박

센 강의 우안

Right Bank

센 강의 우안

Right Bank

우안은 인문적인 분위기가 물씬 풍기는 지역이다. 센 강의 우안에는 루브르 박물관(Musée du Louvre)이 자리 잡고 있고, 강변에는 신고전주의 스타일의 아름다운 튈르리 정원(Jardin des Tuileries)이 즐거운 분위기를 더하고 있다.

우안의 고급스러운 분위기를 더욱 돋보이게 하는 것은 생 또노레 거리(Rue Saint Honore)부터 방돔 광장(Place Verdome)까지 자리 잡고 있는 세계 유명 브랜드숍이다. 이 거리에서는 쇼핑하는 것 외에도 각 상점의 디자인 등을 감상해 보는 것도 재미있을 것이다.

명소

루브르 박물관
Musée du Louvre

P42B3

지하철 1, 7호선 Palais–Royal Musée du Louvre 역에서 하차

Musée du Louvre

33-1-4020-5050

33-1-4020-5452

9:00~18:00

월요일·수요일 9:00~21:45

休 매주 화요일, 공휴일

$ 15:00 이전 입장 €8.5
18:00 이후 및 일요일에는 €6

www.louvre.fr

　루브르 박물관(Musée du Louvre)은 세계에서 상징적 의미가 가장 큰 박물관 중의 하나로, 고대 및 현대건축사의 가장 아름다운 융합이라고 할 수 있다. 이곳에는 기원전 3000년부터 19세기를 망라하는 42만 점의 작품이 소장되어 있고 13000점의 작품이 전시되고 있다. 그중 적잖은 작품들이 다른 것으로 대체할 수 없는 귀중한 보물이다.

　루브르 박물관은 7개의 테마로 나뉜다. 고대 아시아관, 고대 이집트관, 그리스와 로마관, 고대 오리엔트관(이슬람 예술), 조각관, 회화관, 미술 공예품관 등의 고정 전시실 외에 특별 전시 및 루브르 왕궁 역사전 등이 열리기도 한다.

　루브르 박물관을 더욱 빛나게 하는 것은 바로 유리 피라미드이다. 루브르 박물관 현대화를 위한 미테랑 대통령의 '그랑 루브르(Grand Louvre)' 정책을 바탕으로 화교 건축가 페이가 설계한 유리 피라미드는 박물관의 주요 출입구이기도 하다. 유리와 강철 구조물로 구성된 피라미드를 통해 지하에도 햇볕이 들게 되었으며 양 옆에는 두 개의 작은 피라미드를 추가하여 현대 건축의 아름다움을 동시에 만족시키고 있다.

　루브르 박물관에 가면 루브르의 3대 보물을 결코 빼놓지 말아야 한다. 먼저 다빈치의 《모나리자》는 드농관 2층에 있고, 《사모트라케의 니케》는 쉴리관 방향으로 가다보면 머지않은 곳에 있다. 그곳에서 아래로 내려가면 쉴리관 1층에서 《밀로의 비너스》를 만날 수 있다.

A
B
센 강의 우안
엑스플로르 파리
Explore Paris
갈르리 라파예트
Galeries Lafayette
France Albion
카페 드 라 페
Le Café de la Paix
가르니에 오페라극장
Opéra de Garnier
Opéra
Bd. des Italiens
마들렌느 광장
Place de la Madeleine
Rue du Quatre Septembre
1
Bd. des Capucines
Madeleine
Bd. de la Madeleine
Rue des Capucines
Rue de la Prix
Avenue de l'Opéra
Quatre Septembre
마들렌느 성당
La Madeleine
젠주
Zen Zoo
샤르베
Charvet
Rue Danielle Casanova
쎄엠므오
CMO
방돔 광장
Place Vendôme
클로드 쟝떼
Claude Jeantet
Rue Thérèse
Rue Chabanais
Concorde
Rue de Castiglione
Rue Saint Honoré
쥐아에르
JAR
Rue de la Soudière
Pyramides
1구역
콜레뜨
Colette
Rue de Richelieu
2
틸르리 정원
Jardin des Tuileries
Tuileries
팔레 루아얄
Palais Royal
Palais Roy
Rue de Rivoli
리볼리 거리
Quai des Tuileries
카페 마를리
Le Café Marly
La Seine 센 강
3
루브르 박물관
Musée du Louvre
Quai du Louvre
기호설명   관광명소   쇼핑   숙소   식당   지하철
A
B

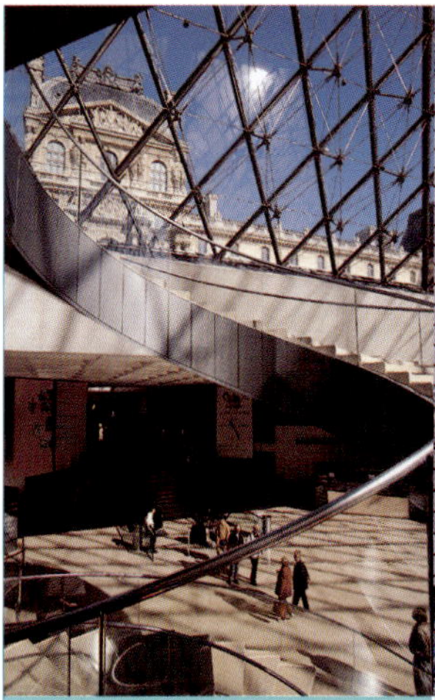

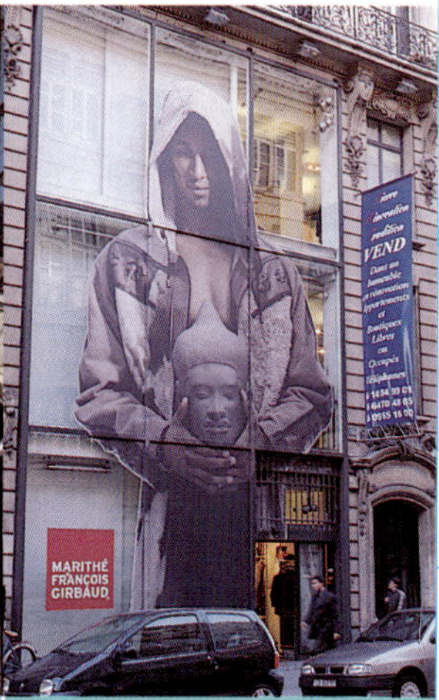

C
D
Bergère Opéra
Opéra Cadet
그레벵 밀랍 인형 박물관
Corona Opéra
Grands Boulevards
Comfort Hôtel
Opéra Drouot
Montholon
Tulip Inn Orange Lafayette
Bonne Nouvelle
1
1
Le Petit Manoir
Le Vaudenvle
Palmon Opéra
Bourse
2구역
Rue du Quatre Septembre
Sentier
갤러리 비비엔느
Galerie Vivienne
몽마르트르 거리
Rue Montmartre
키리워치
Kiliwatch
르 뺑 쿼티디엥
Le Pain Quotidien
파사쥬 뒤
그랑 세르
Passage du
Grand Cerf
Place des
Victoires
Rue du Louvre
2
도미니크 키에페
Dominique Kieffer
Rue Hérold
메토르괴이 거리
Rue Montorgueil
Rue Tiquetonne
2
산드린느 필리프
Sandrine Philippe
Rue E'tienne
Etienne Marcel
Marcel
크리스티앙 루부탱
Christian Louboutin
데클레르 파스망티에
Declercq
Passementiers
파사쥬 베로 도다
Passage
Véro-Dodat
Les Halles
Rue Rambuteau
Louvre
Saint Honore
포름 데 알
Forum des Halles
리볼리 거리 Rue de Rivoli
Rue du Louvre
Châtelet
Les Halles
Bd. de Séastopol
3
3
Louvre
콩
Kong
Châtelet
N
퐁 뇌프
Pont Neuf
C
D

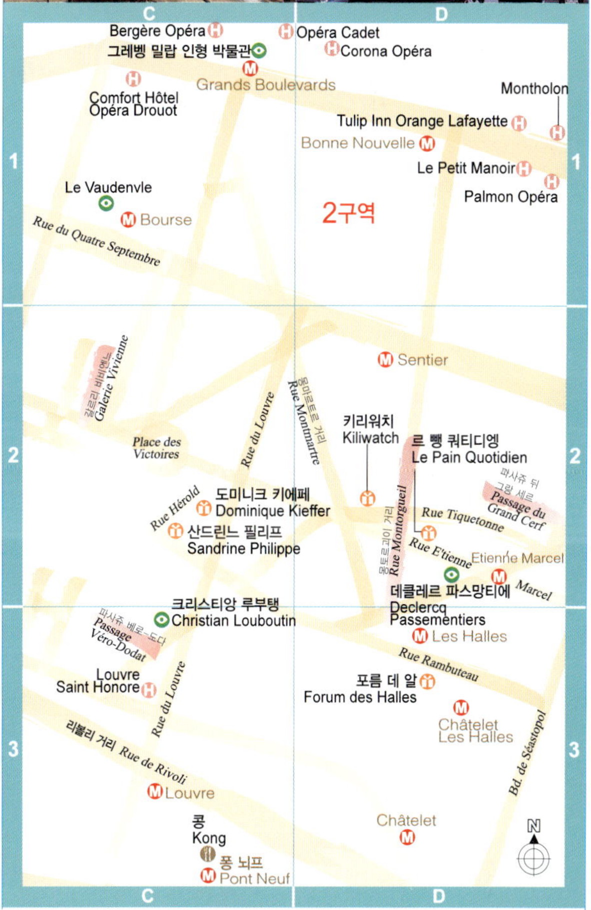

리볼리 거리
Rue de Rivoli

P43C3

지하철 1호선 Tuileries 역에서 하차

리볼리 거리(Rue de Rivoli)는 튈르리 정원에서 바스티유 광장까지 일직선으로 뻗은 길이다. 이곳에는 수많은 상점들이 밀집되어 있는데 루브르 박물관에서 가깝기 때문에 관광객들에게 기념품 등을 판매하고 있다. 지인에게 선물할 기념품 등을 구매하고자 한다면 이곳에서 다양한 선물을 고를 수 있다.

No.206의 Gault에는 귀여운 프랑스 집, 유명한 인물의 미니어처를

판매하고 있다. 시기에 따라 각기 다른 양식의 건축물을 구경할 수 있고 구입도 가능하기 때문에 가보면 재미있다.

이밖에 No.226의 Angelina는 유명한 과자점으로 핫초코, 몽블랑(Le Mont-Blanc), 밀푀유(Millefeuille) 등이 유명하다.

마들렌느 성당
La Madeleine

P42A1

지하철 8, 12호선 Madeleine 역에서 하차

place de la Madeleine

33-1-4451-6900

월요일~토요일 7:00~19:00
일요일 8:00~13:00
15:30~19:00

마들렌느 성당(La Madeleine)은 파리의 8대 주요 도로가 모이는 마들렌느 광장에 위치하며 웅장한 외관으로 파리에서 가장 유명한 건축

물 중 하나로 손꼽힌다.

마들렌느 성당은 그리스 신전의 양식대로 설계되어 엄숙하고 웅장한 기운이 흐른다. 교회 안에 유일한 빛이라고는 3개의 작은 돔에서 들어오는 자연채광밖에 없다. 실내의 정교하고 화려한 도금장식은 어슴푸레한 가운데 더욱 아름답다.

성당 제단 뒤쪽의 성모 마리아 승천상을 놓치지 말자. 동문 위의 성경 십계명 부조 및 교회 안의 대리석, 금도금 조각장식, 조각상 등도 지나쳐서는 안 된다.

마들렌느 광장
Place de la Madeleine

🔺 P42A1

🚇 지하철 8, 12호선 Madeleine 역에서 하차

마들렌느 광장(Place de la Madeleine)에 위치한 마들렌느 성당을 감상하고 나면 광장의 마들렌느 대로(Boulevard de la Madeleine)와 루와얄 거리(Rue Royale)를 따라 걸어보자. 이 거리에서는 옷, 장신구, 피혁제품 등 다양한 제품들을 팔고 있다.

튈르리 정원
Jardin des Tuileries

🔺 P42A2

🚇 지하철 1, 8, 10호선 Concorde 역에서 하차

튈르리 정원(Jardin des Tuileries)은 루브르 박물관과 콩코르드 광장 사이에 위치하며, 한쪽으로는 센 강과 접하고 있다. 정원의 조각 분수대 옆에 앉거나 노천 카페에서 커피를 마시면서 파리지엥의 한가롭고 여유로운 분위기를 즐길 수 있어 이곳은 파리에서 사람들이 가장 좋아하는 정원 중 하나이다.

밤나무, 라임나무를 비롯하여 화려하고 아름다운 갖가지 꽃들이 튈르리 정원을 장식하고 있으며, 청동조각 작품도 이곳에 엄숙함을 더하고 있다. 전체적으로 시원하고 정리된 듯한 전형적인 프랑스풍 정원이라고 할 수 있다.

몽토르괴이 거리

Rue Montorgueil

 P43D2

 Rue Montorgueil

프랑스 작가 에밀 졸라는 레알 (Les Halles)을 '파리의 복부(腹部)'라고 묘사하였다. 이전에 이곳은 파리의 식품 재래 시장이었는데, 개축하면서 상업 빌딩이 되었다. 인근의 몽토르괴이 거리(Rue Montorgueil)는 큰 변화 없이 여전히 청과물점, 과자점 등으로 가득하다.

이 거리에는 유명한 레스토랑이 있는데, 바로 No.38의 L'ESCARGOT'이다. 입구에는 귀여운 금색 달팽이 한 쌍이 있는데, 이곳의 대표 요리가 프랑스 요리의 대명사인 달팽이 요리(에스카르고)라는 것을 알게 해 준다. 또한 No.51의 유서 깊은 과자점인 STOHRER에서는 입맛에 맞는 프랑스식 디저트를 맛볼 수 있다.

파사쥬 뒤 그랑 세르
Passage du Grand Cerf

P43D2

Passage du Grand Cerf

1835년경에 지어진, (Passage du Grang Cerf)는 약간 어두워 보이는 아케이드이지만 재미있고 다양한 상점들이 많아 마치 보물찾기를 하는 것 같다. 이곳에서 파는 물건들은 주로 예술가들이 직접 만든 작품이다. Le Labo에서는 수공예 전등 등의 복고 재질을 이용하여 추억의 상품을 팔고 있다. La Corbeille의 귀여운 수작업 컵, 받침세트는 동심을 자극한다. Eric & Lydie의 독특한 액세서리를 착용하면 멋지면서도 귀여운 느낌이다.

아침에 이곳에 오면 빛이 부족할 뿐만 아니라, 대부분의 상점들도 문을 아직 열지 않았을 가능성이 높으므로 되도록 오후에 이곳을 방문하는 것이 좋다.

그레벵 밀랍 인형 박물관
Musée de Cire Grevin

P43C1

지하철 8, 9호선을 타고 Grands Boulevards 역에서 하차

10 boulevard Montmartre 75009 Paris

월요일~금요일 10:00~18:30
토요일·일요일, 휴일, 방학
10:00~19:00

판에 박힌 밀랍 인형 박물관의 모습을 탈피한 그레벵 박물관(Musée de Cire Grevin)은 위인들의 밀랍 모형을 화려하고 재치있게 연출해 놓았다. 프랑스 영화배우와 칵테일을 마시는 체험도 할 수 있고, 배우들과 기념사진 촬영도 가능하다.

관람객들은 연대별 중요 인물과 함께 프랑스 역사의 발전과정을 천천히 되짚어볼 수 있다. 1882년에 지어진 밀랍 박물관은 300여 점의

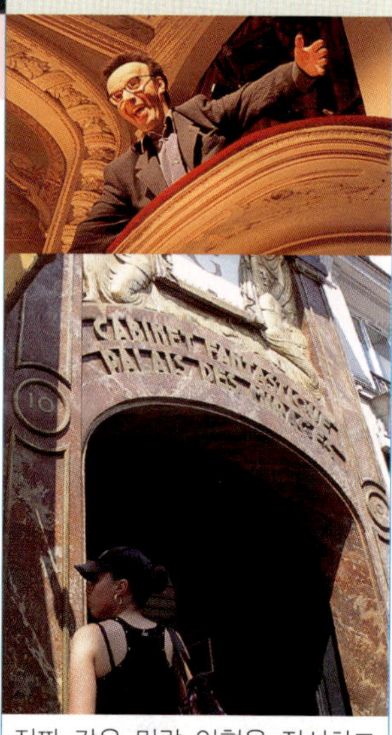

진짜 같은 밀랍 인형을 전시하고 있다. 물론 밀랍 인형 박물관에 전시된다는 것은 아주 유명한 사람이 되었다는 뜻이다.

갈르리 비비엔느
Galerie Vivienne

 P43C2

🏠 Galerie Vivienne

  파리 곳곳에는 다양한 아케이드가 흩어져 있다. 보물들이 가득하고, 고색 창연한 볼거리들이 마치 시간을 압축해 놓은 것 같다. 갈르리 비비엔느(Galerie Vivienne)는 재미있는 고서점들이 많은 아케이드로 서점의 사장들도 마치 역사의 비바람을 겪은 노학자의 모습처럼 보인다.

  이곳에는 고서점 말고도 디자이너 숍이 몇 군데 있다. 패션과 책 사이를 왔다갔다 하는 것도 색다른 재미가 있다.

파사쥬 베로-도다
Passage Vero-Dodat

 P43C3

 Passage Vero-Dodat

 파리의 수많은 아케이드 중 파사쥬 베로-도다(Passage Vero-Dodat)의 역사는 1826년으로 거슬러 올라간다. 고풍스럽게 정리된 마름모형 바닥재와 아름다운 마호가니 간판 등은 마치 시간을 거꾸로 돌리는 듯한 착각에 빠지게 한다. 그중 24-26호의 Robert Capia는 옛 느낌이 물씬 나는 상점인데 많은 예술 작품과 골동품, 특이한 인형 등을 판매하고 있다.

 19호는 프랑스 가정식 레스토랑으로 전통 프랑스 요리를 맛볼 수 있다. 가격도 비싸지 않아 애피타이저, 메인요리, 디저트 등을 포함하여 일인당 약 €15~€20 정도 이다.

엑스플로르 파리
Explore Paris

 P42B1

 지하철 3, 7, 8호선 Opéra 역에서 하차 후 도보 약 5분

 11 bis, rue Scribe 75009 Paris

 33 1 4266-6206

 매일 개방. 《파리 이야기》라는 영화가 매일 아침 9:00부터 19:00까지 매시 정각에 방영됨. 하루에 11차례 방영

 www.paris-story.com

 엑스플로르 파리(Explore Paris)는 크게 《파리 이야기(Paris Story)》, 《파리 미니어처(Paris Miniature)》, 그리고 《파리 체험(Paris Experience)》 세 가지로 구분된다.

 파리라는 도시에 대한 열정만으로 Michel Ruty씨는 파리를 소개하는 50분짜리 영화를 만들어 12m의 대형 스크린에 상영하고 있다. 영화는 관객들을 2000년 전으로 데려가 시간의 흐름에 따른 파리의 역사 및 발전과정 등을 소개하는데, 이것이 바로 Explore Paris의 영화 《파리 이야기》이다.

 영화는 역사적 사진, 그림 및 음향 등을 대량 활용하였으며 오락성과 지성을 겸비하고 있다. 이 영화를 통해 더욱 많은 사람들이 파리에 대해 이해할 수 있도록 Explore Paris는 14개 언어로 설명해주는 오디오 가이드를 제공하고 있다.

키리워치
Kiliwatch

P43D2

64 rue Tiquetonne

33-1-4221-1737

　키리워치(Kiliwatch)가 구제 의상을 취급한지는 이미 15년이 지났다. 매장이 넓고, 다양한 상품을 보유하고 있다는 것이 이곳이 가장 자랑하는 점이다. 신구(新舊) 유행과 빈티지풍의 패션 등 있어야 할 것들은 모두 있고 다양한 브랜드를 포함하고 있는 이곳의 제품 중에서 빈티지풍의 옷과 액세서리들은 아주 특색 있다. 청바지, 독특한 상의, 운동화, 각종 부츠 등은 다양한 선택이 가능할 뿐만 아니라 가격도 저렴하다. 운동복이나 편한 스타일의 옷을 좋아하는 사람들은 이곳이 바로 딱 맞는 쇼핑지역이라 할 수 있다.

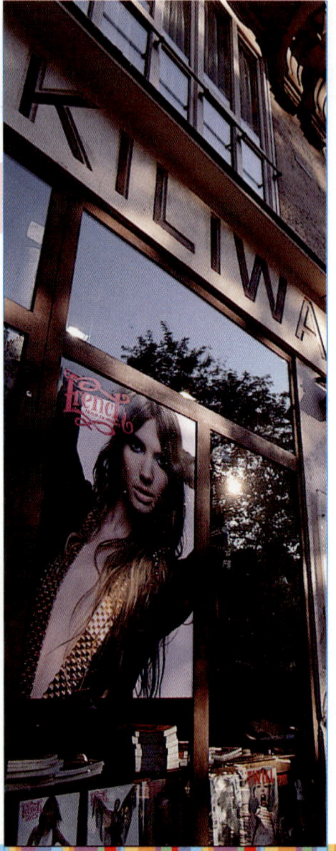

갈르리 라파예트
Galeries Lafayette

P42B1

지하철 7, 9호선 Chaussee d'Antin La Fayette 역에서 하차

40 bd Haussmann 75009 Paris

33-1-4282-8078

www.galeries-lafayette. com

　갈르리 라파예트(Galeries Lafayett)는 관광객들이 가장 좋아하는 백화점이다. 넓고 쾌적한 쇼핑공간과 다양한 제품, 무료 패션쇼, 편리한 면세 수속 등은 아시아의 관광객들을 불러 모으고 있다. 이곳에서 전체 쇼핑 구매액이 200유로 이상이 되는 경우 13%의 면세 혜택을 받을 수 있는데, 그 절차 또한 신속 간단하다.

　바스티유 오페라 부근에 위치한 Galeries Lafayette는 100여 년의 역사를 지니고 있다. 이곳에서 가장 유명한 것은 1층 로비에 있는 높고 화려한 유리 돔인데, 파리의 명물 중의 하나로 손꼽힌다.

도미니크 키에페
Dominique Kieffer

P43C2
8 rue Hérold, F-75001 Paris
33-1-4221-3244
33-1-4221-3190
www.dominiquekieffer.com

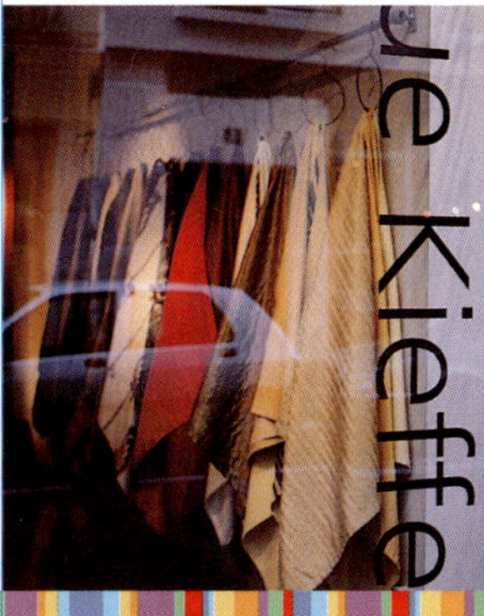

집을 새롭게 단장하고 싶고, 다른 사람과는 차별화된 멋을 추구한다면 도미니크 키에페(Doninique Kieffer)를 추천한다. 직물부터 색상에 이르기까지 엄선된 재료에 디자이너의 반짝이는 영감과 오랫동안 쌓아온 노하우 등이 더해져 모든 옷감은 마치 생명이 있는 것처럼 느껴진다. 이곳에서는 집의 소파를 바꿔줄 원단을 고르거나 예술작품에 버금가는 방석 등을 감상할 수 있다. 단지 유일한 고민거리가 있다면 예산이 충분하냐는 것이다.

산드린느 필리프
Sandrine Philippe

P43C2
8 rue Herold
33-1-4221-3244
33-1-4354-2777

일부 디자이너들의 특이하고 기괴한 스타일은 사실 너무 과장되어 있다. 그래서 때로는 미학 개념에 충실한 옷과 액세서리가 그리울 때가 있는데 그 욕구를 충족시키기 위해 산드린느 필리프(Sandrine Philippe)의 디자이너들은 고전적이고 여성스러운 디자인을 제시한다. 이곳에는 낭만적인 스타일의 옷과 장신구가 많은데, 실크, 양모 등의 고급 원단에 사랑스러운 디자인이 상당히 여성스럽다.

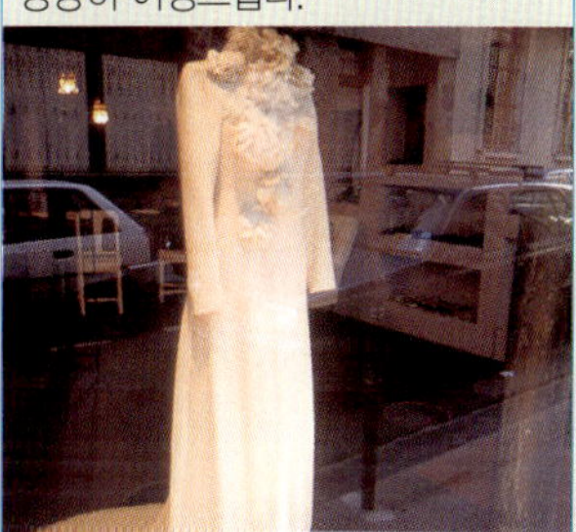

데클레르 파스망티에
Declercq Passementiers

P43D2
15 rue Etienne Marcel
33-1-4476-9070
33-1-4233-1375

작은 장식물이기는 하지만, 고급스러운 황실 스타일이 사람들을 깊이 빠져들게 한다. 데클레르 파스망티에(Declercq Passementiers)는 1830년에 문을 연 후 지금까지 진정한 프랑스 스타일의 화려한 전통을 유지하고 있다. 평온하고 차분한 배색, 매끄러운 술 장식 등은 마치 정교한 예술 작품을 보는 듯하다. 커튼 장식으로 사용하려면 또한 그에 맞는 아름다운 커튼도 마련해야 할 것이다.

복잡한 가공 기술 및 조화로운 배색 등은 이 분야에서 매우 중요한 부분이며, 술 장식이라는 작은 세계에서 대표적인 프랑스 스타일을 엿볼 수 있다.

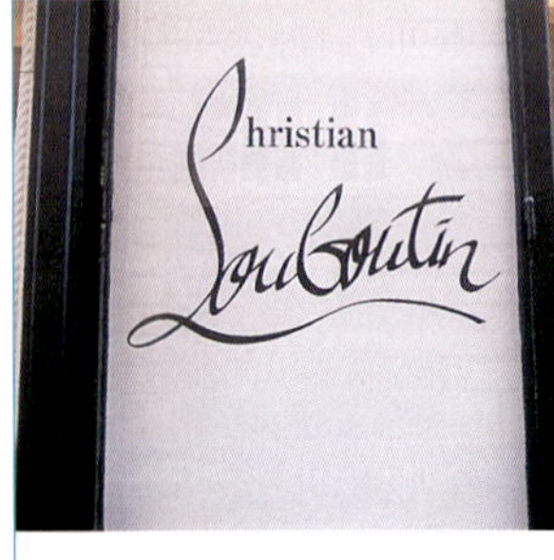

콜레뜨
Colette

 P42A2

 213 rue Saint Honoré 75001 Paris

 33-1-5535-3390

 33-1-5535-3399

 www.colette.fr

패션의 범위는 매우 넓고 다양하다. 옷, 신발, 가방뿐만 아니라, 우리들의 일상생활 중에도 패션은 존재한다. 콜레트(Colette)는 바로 그러한 발상에서 탄생했다. 이곳은 전 세계 디자이너의 각종 작품, 즉 문구, 옷, 액세서리, 완구, 화장품 등이 모인 파리의 특별한 매장 중

크리스티앙 루부탱
Christian Louboutin

 P43C3

 19 rue Jean-Jacques-Rousseau

 33-1-4236-0531

 33-1-4236-0856

이곳은 스타들이 자주 찾는 신발 가게로, 마돈나도 이곳의 주요 고객이다. 디자이너의 대담한 디자인 덕분에 짧은 시간 내에 세계적인 브랜드로 발돋움하였다. 높은 하이힐을 주로 판매하고 있으며 과장된 구두 굽과 섹시한 디자인, 빨강색 구두 창 등은 신발을 패션의 가장 돋보이는 부분으로 만들어준다. 섹시하게 차려입거나, 혹은 파티 등에 갈 때 이곳의 구두를 신으면 다른 사람들의 이목을 끌 수 있을 것이다.

쥐아에르
JAR

 P42A2

 14 rue de Castiglione

 33-1-4020-4720

 33-1-4020-4920

 JAR는 향수 전문점이지만 5+1 종류의 향수만을 판매한다. 2001년에 오픈한 이 가게는 공간은 작지만 우아하고 섬세하다.

 이 향수 전문점에 일단 들어서면 종업원들이 각종 향수를 테스트해줄 것이다. 그러면 향수의 성분 및 개념에 대한 설명을 들으면서 소감을 말해주면 된다. 잘 훈련된 종업원들은 재촉하지도, 그렇다고 방치하지도 않은 태도로 당신을 귀부인처럼 대우해줄지 모른다. 구입하지 않더라도 쇼핑의 즐거움을 충분히 누릴 수 있다.

하나이다.

 Colette는 3층으로 이루어져 있다. 1층에는 화장품, 서적, 각종 소품 등이 전시되어 있고, 2층에는 옷, 액세서리 등이 있다. 지하 1층은 식당이며, 이곳에서 가장 유명한 것은 세계 80여 종의 물을 모아둔 Water bar이다.

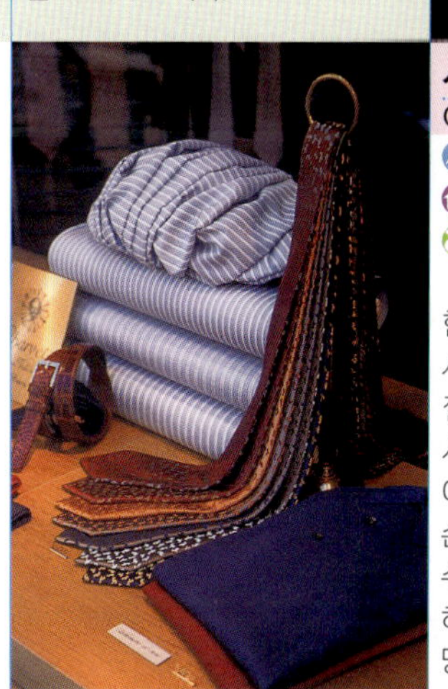

샤르베
Charvet

 P42A1

 28 place Vendome

 33-1-4260-3070

 파리의 전통을 찾고 싶다면 유명한 건물이나 관광 명소도 좋지만, 샤르베(Charvet)에서도 충분히 느낄 수 있다. 수작업으로 만든 남자 셔츠는 얼핏 봐도 기성제품과는 차이가 있고, 그 외 다양한 넥타이, 손수건, 심지어 잠옷 등에서도 손수 만든 특별함이 느껴진다. 좋아하는 남자에게 이러한 선물을 하면 당신의 마음을 알아줄지도 모른다.

쎄엠므오
CMO

P42B2

Green Park역에서 도보 6분

5 rue Chabanais

33-1-4020-4598

33-1-4020-4598

이곳에서는 쐐기풀, 파인애플 섬유 등의 천연 식물 원료로 염색, 가공 하여 만든 100% 환경보호 제품을 판매한다. 그중에는 전등갓, 커튼 등도 있는데 천연염색만이 가진 특별함을 마음껏 느낄 수 있다. 디

자이너와 협의하여 크기, 색상 등을 조절하여 자기 집에 맞는 제품을 주문할 수도 있다.

클로드 쟝떼
Claude Jeantet

P42B2

10 rue Therese

33-1-4286-0136

아주 작은 이 공간은 디자이너의 작업실로, 눈에 잘 띄지 않아 찾기 쉽지 않다. 디자이너는 가게 안에서 열심히 작업하면서 아무도 중시하지 않았던 판지를 이용해 살아있는 듯한 동물을 만들어낸다. 잘 보면 오른쪽 사진에서도 개구리가 빨간 혀를 내밀고 있다!

귀여운 동물 외에 추천할 만한 제품으로는 정교한 꽃문양의 상자

등이 있다. 예술가의 손을 통해 한 낱 종이가 이렇게 다양하게 변화할 수 있다니 놀랍기 그지없다.

옆의 카페 드 라 페(Le Café de la Paix)를 지나쳐서는 안 된다. 이곳에 앉아 사람들을 구경하고, 또한 사람들에게 구경 당하는 것은 파리 여행의 숨겨진 즐거움이다.

지역적 원인으로 인해 Le Café de la Paix는 작가들이 가장 사랑하는 장소였다. 또한 정치인들이 늘 들르는 곳이었으며, 역대 프랑스 대통령들도 이곳에 여러 번 다녀갔다. 제 2차 세계대전 이후 프랑스군이 파리를 수복한 후, 드골 대통령은 이곳에서 파리 수복 기념으로 첫 번째 커피를 마셨다고 한다.

카페 드 라 페
Le Café de la Paix

P42B1

지하철 3, 7, 8호선 Opera 역에서 하차

2 rue Scribe 75009 Paris

33-1-4007-3636

마들렌느 성당과 오페라 부근에는 수많은 카페가 있지만 오페라

쇼핑

식당

콩
Kong

P43C3

지하철 7호선 Pont Neuf 역에서 하차한 후 길을 건너면 도착(다리를 건너서는 안됨)

1 Rue du Point Neuf 75001 Paris

33-1-4039-0900

www.kong.fr

콩(Kong)은 최근 파리 패션계에서 가장 인기 있는 레스토랑이다. 산업디자인의 거장인 Philippe Starck이 디자인하였고, 멀리 파리에까지 와서 촬영한 미국의 인기 드라마 'Sex and the City'에서 여주인공 캐리와 애인의 전처가 점심을 먹던 장면이 바로 Kong에서 촬영되었다.

Kong의 인기는 비단 유명인 때문만은 아니다. '파리안의 도쿄', '일본 스타일의 프랑스 요리' 등으로 비유되는 특이함으로 많은 사람들이 이곳에 몰린다.

카페 마를리
Le Café Marly

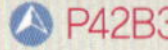

 P42B3

 93 rue de Rivoli

 33-1-4926-0660

　루브르 박물관 회랑에 위치한 카페 마를리(Le Café Marly)는 귀부인처럼 범접하기 힘든 화려함이 있다. 종업원들의 복장 역시 일반 카페와는 달리 넥타이 정장차림이며, 걷는 자세도 마치 모델처럼 반듯하다. 종업원들의 도도한 태도는 감히 말붙이기도 힘들다. 그들은 다소 편한 복장의 여행객들이 카페에 들어오는 것을 저지하기도 한다. 커피 뿐만 아니라 식사의 가격도 만만치 않다. 하지만 이곳은 다른 카페가 가지지 못한 절대적인 우위를 갖고 있으니, 바로 유리 피라미드, 웅장한 루브르 박물관 등을 커피를 마시면서 볼 수 있다는 점과 끊임없이 쏟아져 나오는 관광객이 바로 그것이다.

젠주
Zen Zoo

 P42B1

 13 rue Chabanais 75002 Paris

 33-1-4296-2728

 www.zen-zoo.com

　이곳에서는 쫄깃한 알갱이가 들어있는 버블티를 맛볼 수 있다. 버블티는 대만의 대표적인 음료로, 젠 주(Zen Zoo)는 대만인들에게 고향의 맛을 느낄 수 있게 해주고 교류의 장소를 제공해주었다. 또한 외국인들에게 대만 문화를 즐길 수 있는 기회도 주었다. 창가에는 구름모양의 도안이 걸려 있고 내부에는 그림과 포스터 등이 걸려있다. 10개 정도의 자리가 있는 작디작은 공간은 이곳을 찾는 사람들에게 포근함을 준다.

　음료는 주로 버블티를 중심으로 다양한 변화를 시도하고 있으며, 토란, 고구마, 파인애플, 망고 등의 여러 가지 맛이 있다. 또한 군만두, 샤오마이 등의 딤섬과 대만의 가정식 요리도 제공한다. 이곳 사장이 예술을 공부하는 사람이기 때문에 가게의 디자인, 배치 등에도 특히 신경을 쓴 만큼 가볼 만하다.

 **숙박**

콩포르 오텔 오페라 드루오
Comfort Hôtel Opéra Drouot

P43C1

4 Rue De La Grange Bateliere, 75009 Paris

33-1-4246-1859

€70~€92

코로나 오페라
Corona Opéra

P43D1

8 cité Bergère, 75009 Paris

33-1-4770-5296

€89~€195

루브르 생 또노레
Louvre Saint Honoré

P43C3

141 rue Saint Honoré, 75001 Paris

33-1-4296-2323

33-1-4296-2161

€110~€215

베르제르 오페라
Bergère Opéra

P43C1

34 rue Bergère, 75009 Paris

33-1-4770-3434

33-1-4770-3636

€79~€192

오페라 카데
Opéra Cadet

P43C1

24 rue Cadet, 75009 Paris

33-1-5334-5050

33-1-5334-5060

€190~€216

튤립 인 오랑쥬 라파예트
Tulip Inn Orange Lafayette

P43D1

46 rue de Trévise, 75009 Paris

33-1-4770-8707

33-1-4022-0041

€90~€190

www.parishotelorange.com/index.php

르 쁘띠 마누아
Le Petit Manoir

P43D1

11 Rue de Montholon, 75009 Paris

33-1-4770-3716

33-1-4523-2645

€125~€149

몽톨롱
Montholon

P43D1

15 rue de Montholon, 75009 Paris

33-1-4824-2248

33-1-4770-0049

€67~€105

팔몽 오페라
Palmon Opéra

P43D1

30 rue Maubeuge, 75009 Paris

33-1-4285-0761

33-1-4878-4482

€69~€145

프랑스 알비옹
France Albion

P42B1

11 rue Notre Dame de Lorette, 75009 Paris

33-1-4526-0081

33-1-5321-0533

www.albion-paris-hotel.com

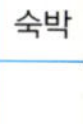

바스티유 Bastille

BASTILLE

바스티유

Bastille

다른 지역과 비교했을 때 바스티유는 상당히 개방적이고 자유로운 곳이다. 바스티유 감옥은 일찍이 왕권의 상징이었기 때문에 프랑스 대혁명 시기에 습격, 점령당하였고, 바스티유 지하철역의 벽에는 이 시기의 역사가 그림으로 표현되어 있다.

바스티유 광장(Place de la Bastille)에는 '7월 혁명 기념탑'이 세워져 있고 기념탑 위에는 '자유의 수호상'이 서있다. 일반적으로 시위, 집회들은 이곳에서 모여 출발하며, 이곳의 자유의 정신을 따라 늘 떠들썩하다.

명소

보쥬 광장
Place des Vosges

P62A1

지하철 1, 5, 8호선 Bastille 역에서 하차

1800년 프랑스 대혁명 직후, 처음으로 세금을 완납한 지역에 대해 감사하는 마음으로 보쥬 지역의 이름을 따서 보쥬 광장(Place des Vosges)으로 명명되었다.

사실 보쥬 광장은 파리에서 가장 오래된 왕실 광장이다. 1607년 앙리 4세가 이곳을 지었으며 1612년 루이 13세가 결혼할 당시에 열린 결투 시합 덕택에 이 광장의 지위는 더욱 높아졌다. 이 외에도 여류작가 세비녜 부인을 비롯하여 빅토르 위고 등의 문인들이 이곳에서 살았었다.

빅토르 위고 기념관

Maison de Victor Hugo

- P62A1
- 지하철 1, 5, 8호선을 타고 Bastille 역에서 하차
- 6 place des Vosges
- 33-1-4272-1016
- 화~일요일 10:00~17:40
- 매주 월요일

빅토르 위고 기념관(Maison de Victor Hugo)은 보쥬 광장의 남서쪽에 위치한다. 19세기 프랑스의 저명한 작가 빅토르 위고는 아내, 4명의 자녀와 이곳에서 장장 16년간(1832~1848)을 살았었다. 이 저택은 보쥬 광장에서 가장 큰 건축물로 1902년에 빅토르 위고 기념관으로 개축되었다.

빅토르 위고의 작품 중 인류에 가장 많이 회자되는 소설은 《레 미제라블》, 《노트르담 드 파리》(후에 '노트르담의 꼽추'로 영화화 됨) 등이 있다. 이곳에 거주할 당시 《레 미제라블》의 대부분이 완성되었다.

기념관에는 빅토르 위고의 소묘, 문학작품 및 유년, 청년시절의 사진, 가족사진 등이 전시되어 있다. 그리고 그가 살던 당시의 응접실이 원래 그대로 재현되어 있다.

A
B
피카소미술관
Hôtel Voltaire
République
Richard Lenoir
Rue des Francs Bourgeois
Chemin Vert
Bréguet Sabin
Le Général Hôtel
보쥬광장
Standard Design Hotel
Place des Vosges
랭뒤스트리 카페
Café de l'Industrie
빅토르위고 기념관
Maison de Victor Hugo
Boulevard Beaumarchais
Rue de la Roquette
Boulevard
Rue St Sabin
Standard Design Hotel
카엘르 바르
Gaele Barré
Rue Keller
바스티유 광장
Place de la Bastille
Bastille
Isabel Marant
이자벨 마랑
바스티유 오페라
Opéra de Bastille
Grand Hotel Nouvel Opera
Sully Morland
Ledru Rollin
Rue de Charenton
March d'Aligre
Rue d'Aligre
레드뤼 대로
Avenue Ledru
비아뒤익 데 자르
Viaduc des Arts
Quai de la Rap
Boulevard Diderot
Gare de Lyon
리옹역
Gare de Lyon
La Seine 셴 강
Quai de la Rapée
Rue de Bercy
Bercy
베르시 공원
Le Parc de Bercy
Cour St Emilion
Quai de Bercy
Cour St Émilion
바스티유
A
B

11구역
H New Hotel Candide
Modern Hotel
페르 라 셰즈 묘지
Cimetière du Père Lachaise
필립 오귀스트
Philippe Auguste
M Voltaire
Comfort Hotel
Paris Bastille
알렉상드르 뒤마
Alexandre Dumas
Classics Hotel Bastille
사롱탱 거리
Boulevard Charonne
샤랑통 거리
Rue de Charenton
사론느 거리
Rue de Charonne
Charonne
레보슈아르
L'Ebauchoir
Rue des Boulets
Grand Hotel Francais
Faidherbe Chaligny
포부르 생 앙투안 거리
Rue de Faubourg Saint Antoine
Rue Citeaux
나시옹 광장
Place de
la Nation
Nation
Reuilly Diderot
12구역
도메닐 대로
Avenue Daumesnil
기호
설명
관광명소   쇼핑
숙소   식당
지하철   기차역
Rue de Bercy
베르시 빌라쥬
Bercy Village
N

바
스
티
유

명소

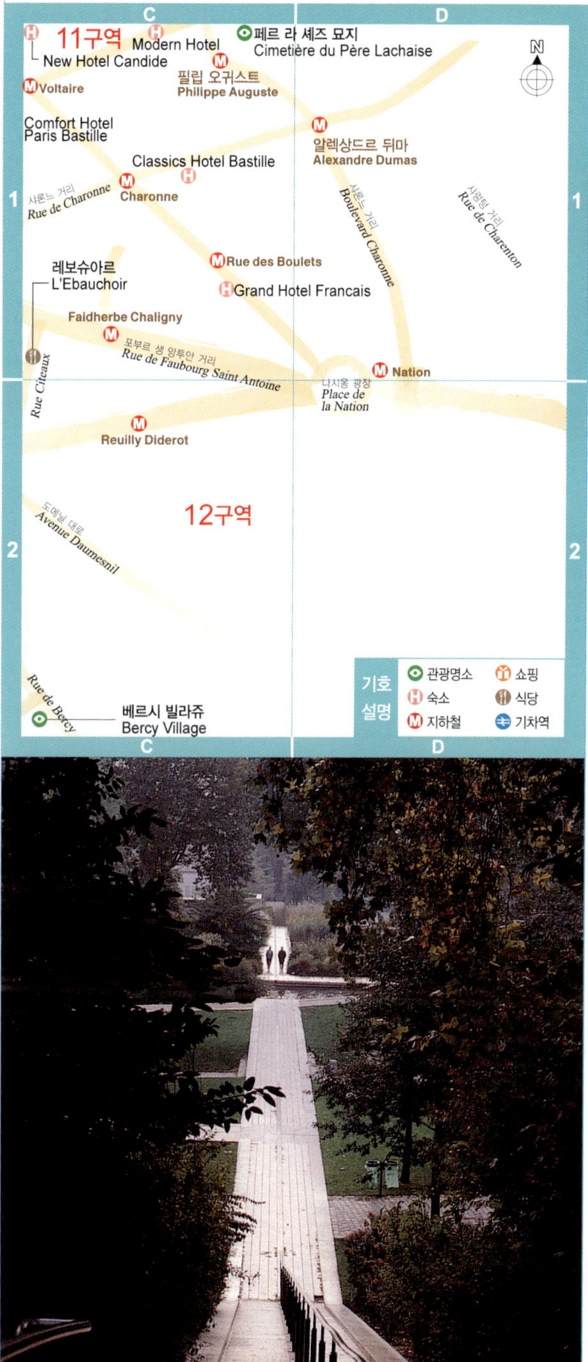

리샤르 르누아르 대로
Boulevard Richard Lenoir

 P62B1

파리지엥의 라이프 스타일은 노천 시장을 걷다보면 가장 잘 이해하게 될 것이다. 매주 목요일, 일요일 아침부터 오후 2시정도까지 리샤르 르누아르 대로(Boulevard Richard Lenoir)에는 재래시장이 열려 길가에 늘어선 각종 진열대에서 과일, 야채, 꽃, 치즈, 빵, 고기 등을 살 수 있다. 어떤 때에는 거리 예술인들이 이곳에서 공연을 하기도 한다.

이 노천 시장의 역사는 매우 오래되어 1860년부터 1년에 한 번 햄과 농산품 시장이 열렸다고 한다. 제품 종류가 다양하고 신선할 뿐만 아니라 가격도 저렴하기 때문에 지금은 파리시민이 일상용품을 구입하는 곳이 되었다. 시장이 철수하기 직전에 가면 초특가에 구입 가능하다.

프랑–부르주아 거리
Francs-Bourgeois

 P62A1

 지하철 1, 5, 8호선을 타고 Bastille 역에서 하차

프랑–부르주아(Francs-Bourgeois)의 원래 의미는 자유 시민이라는 뜻이지만, 실제로는 수입이 적어 세금을 내지 않는 사람을 가리킨다. 14세기 당시 이곳에 거주하던 그들 덕분에 '프랑–부르주아'라는 이름을 갖게 되었다.

이곳은 쇼핑족들의 주요 거점으로 각 상점마다 개성있는 제품들이 다양하게 구비되어 있다. 주로 액세서리, 옷, 문구용품 등이 많으며, 특히 장 에로우에(Jean Herouet)부터 보쥬 광장에 이르는 구간은 쇼핑의 하이라이트이다.

바스티유 오페라
Opéra de Bastille

 P62B1

 120 rue de Lyon

 33-1-4001-1789

　바스티유 오페라(Opéra de Bastille)는 '대중의 오페라 극장'이라고 불리며, 가르니에 오페라(Opéra de Garnier, 또는 오페라하우스라고도 함)의 고전적인 모습과는 차이가 있다. 바스티유 오페라는 현대적, 기하학적 원기둥 모양으로, 외관에 흔히 사용하지 않는 금속과 유리를 사용하였다. 착공 당시에는 전위적이라는 이유로 많은 비난을 받았었다.

　그러나 건축가 Carlos Ott의 고집으로 현재의 모습을 갖추게 되었고, 1987년 7월 14일 프랑스 혁명 200주년 당일에 정식으로 개관하였다.

비아뒥 데 자르
Viaduc des Arts

 P62B2

　폐기되어 사용하지 않던 기찻길 아래 아치형 문이 세심한 설계를 통해 많은 디자이너들의 작업실 겸 매장으로 변모하였다. 쓸 수 없는 공간을 활용하였다는 점이 놀라우면서도, 실제로 붉은 벽돌과 노면은 서로를 돋보이게 하여 묘한 조화를 이루고 있다.

　비아뒥 데 자르(Viaduc des Arts)는 예술가들의 천국으로, 포스터, 가구, 전등, 퀼트, 문구류 등 창의적인 제품들이 무궁무진하다.

베르시 빌라쥬
Bercy Village

 P63C2

　베르시 빌라쥬(Bercy Village)는 과거 와인창고였던 것을 개조하여 만든 쇼핑센터이다. 가지런한 돌길 위에 가게들이 이어져 있으며, 전체적으로 밝은 느낌이다. 돌길 양쪽에 있는 것은 상점 아니면 모두 레스토랑들이다. 대부분의 레스토랑은 노천 테이블을 마련해놓고 있으며 사람들도 야외에서 식사하는 것을 즐긴다.

　상점에서 파는 물건들은 매우 다양한데, 주로 가정용품을 많이 취급하고 있다. 이밖에 정원 용품이나 기타 소품 등도 있다.

페르 라셰즈 묘지
Cimetiére du Père Lachaise

 P63C1

 지하철 2, 3호선 Pere Lachaise 역에서 하차

 16 rue du Repos

 33-1-4370-7033

　이곳의 토지는 원래 루이 14세의 고해신부였던 라셰즈 신부의 것으로 1803년 나폴레옹의 명령에 의해 묘지가 되었다. 이 묘지는 울창한 숲으로 둘러싸여 있어 시민들에게 사랑받고 있다.

　이곳에 잠들어 있는 작가로는 마르셀 프루스트(Marcel Proust,《잃어버린 시간을 찾아서》의 작가), 오스카 와일드(Oscar Wilde), 모딜리아니 등이 있고, 작곡가에는 비체, 쇼팽 등이 있다. 그 외에도 에디트 피아프(Edith Piaf), 짐 모리슨(Jim Morrison)도 이곳에 잠들어 있다. 이곳에 오면 위인들을 기리는 동시에 각기 다른 스타일의 묘비들을 둘러보는 것도 의미가 있다.

가엘르 바르
Gaelle Barre

- P62B1
- 17 rue Keller
- 33-1-4314-6302
- 33-1-4314-6309

켈레 거리(Rue Keller)는 그다지 넓지 않은 길이지만 다양한 볼거리의 패션숍, 레스토랑, 바 등이 있다. 그중 가엘르 바르(Gaelle Barre)는 작은 옷가게로 깜찍한 스타일의 옷이 잔뜩 있다. 또한 부드러운 양모를 사용하여 젊은 여성들이 특히 좋아한다. 몇 년은 젊어 보이는 귀여운 액세서리도 많으니 한번 들러보자.

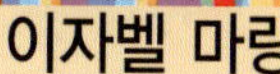

이자벨 마랑
Isabel Marant

- P62B1
- 16 rue de Charonne
- 33-1-4929-7155

1967년에 출생한 디자이너 Isabel은 패션계에서 두각을 나타내기 시작하면서 세계 각지로 진출하였다. 여전히 회려하지 않은 지역에 점포를 두고 있지만 이곳은 늘 손님들로 북적인다.

Isabel Marant의 옷은 천연 재료를 주로 사용하기 때문에 옷과 피부가 접촉할 때 편안함이 느껴진다. 또한 자연스러운 윤곽선과 넓은 옷깃, 재단선이 아름다운 치마 등 고상한 스타일로 인기가 많다.

자주 여행을 다니는 디자이너는 이국 정취의 영향을 받아 대담하고 전혀 새로운 디자인을 출시하는 경우도 많아 새로운 선택의 기회를 제공한다.

식당

레보슈아
L'Ebauchoir

P63C1

43-45 rue de Citeaux

33-1-4342-4931

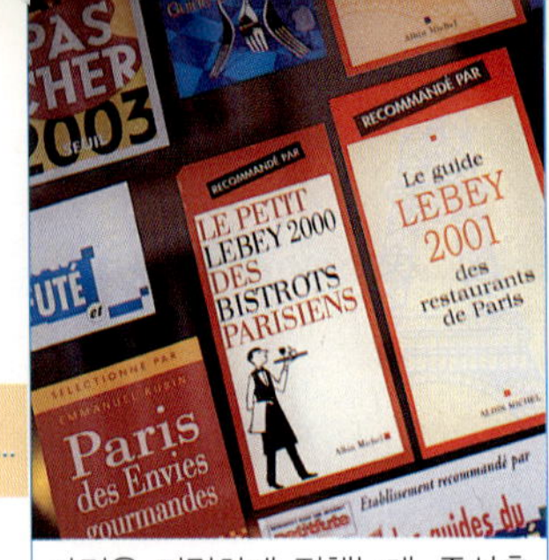

　일단 이곳에 들어오면 입구에 수 없이 붙어있는 '선전물'들을 보게 될 것이다. 이들은 모두 이 레스토랑이 받은 상장으로 이곳의 음식이 뛰어나다는 것을 증명하고 있다. 레보슈아(L'Ebauchoir)는 특히 저렴한 가격으로 인기가 좋다. 초창기의 주 고객이었던 노동자들을 위해 가격을 저렴하게 정했는데, 중산층 고객이 많아진 지금도 가격을 올리지 않고 일관된 맛과 가격을 유지하고 있다.

　식사시간에만 문을 열기 때문에 점심이나 저녁식사 시간에 맞춰 가는 것이 좋다. 격식에 맞게 차려입을 필요 없이 편안하게 입고 방문해도 무방하다.

랭뒤스트리 카페
Café de l'Industrie

P62B1

16 rue St-Sabin

33-1-4700-1353

　'L'industrie'는 '공업'이라는 뜻을 가진 단어로 '공업 카페'라는 이름은 그다지 듣기 좋은 이름은 아니지만 이 가게는 사실 예술적 분위기가 흘러넘치는 레스토랑이다. 카페 안에는 많은 그림들이 걸려있고, 진한 커피색의 테이블과 의자, 녹색의 화초로 꾸며져 있어 어떤 자리에 앉더라도 이곳의 분위기를 만끽하기에 충분하다.

　파리에 있는 카페의 종업원들은 너무 바쁘거나 혹은 너무 쿨(cool)해서 기분을 상하게 할 때가 많다. 하지만 이곳은 유일한 예외라고 해도 좋을 만큼 친절하다. 이곳을 나올 때에는 종업원들로부터 '좋은 하루 되세요(Have a good day.)'라고 영어로 인사까지 들을 수 있다. 어쨌든 다른 카페와는 다른 분위기를 느낄 수 있다.

H 숙박

모데른 오텔
Modern Hôtel

- P63C1
- 121 rue du Chemin Vert, 75011 Paris
- 33-1-4700-5405
- 33-1-4700-0831
- €54~€145

뉴 호텔 캉디드
New Hotel Candide

- P63C1
- 3 rue Petion, 75011 Paris
- 33-1-4379-0233
- 33-1-4379-0688
- €75~€170

그랑 오텔 프랑세
Grand Hôtel Français

- P63C1
- 223 Boulevard Voltaire, 75011 Paris
- 33-1-4371-2757
- 33-1-4348-4005
- €75~€125
- www.grand-hotel-francais.fr

클라식 오텔 바스티유
Classics Hôtel Bastille

- P63C1
- 131 rue de Charonne, 75011 Paris
- 33-1-4464-3434
- www.classics-hotel.com

르 제네랄 오텔
Le Général Hôtel

- P62B1
- 5-7 rue Rampon, 75011 Paris
- 33-1-4700-4157
- €100~€225
- www.legeneralhotel.com

오텔 볼테르 레퓌블리끄
Hôtel Voltaire République

- P62B1
- 10 Boulevard Voltaire, 75011 Paris
- 33-1-4700-2147
- 33-1-4700-8828

그랑 오텔 누벨 오페라
Grand Hôtel Nouvel Opéra

- P62B1
- 152 Avenue Ledru-Rollin, 75011 Paris
- 33-1-4379-9876
- 33-1-4379-4158
- €50~€95

스탠다드 디자인 호텔
Standard Design Hotel

- P62B1
- 29 rue des Taillandiers
- 33-1-4806-0422
- €108~€160

콩포르 오텔 파리 바스티유
Comfort Hôtel Paris Bastille

- P63C1
- 39 Rue Jean-Pierre Timbaud, 75011 Paris
- €150~€160

마레 지구

Marais

마레 지구

Marais

13세기 당시 마레 지역은 늪지대였다. 'Marais'는 불어로 '늪'이라는 뜻이며, 17세기 왕실 귀족의 사저로 이용될 때까지 아주 매력적인 지역이었다. 그러나 프랑스 대혁명 시기에 사람들은 모두 떠나고, 건물은 텅 빈 폐허처럼 변하게 되었다.

오늘날의 마레 지구는 동성애자들이 주로 활동하는 지역이다. 각종 스타일의 바, 서점, 취미숍 등이 마레 지구를 화려하게 장식하고 있으며, 동성애자 전문 바는 비에이유 뒤 땅쁠 거리(Rue Vieille du Temple)와 생 크루아 드 라 브르토네리 거리(Rue St. Croix de la Bretonnerie) 주변에 집중되어 있다. 이곳의 화려한 밤 문화는 동성애자뿐만 아니라 많은 젊은이들을 불러 모으고 있다.

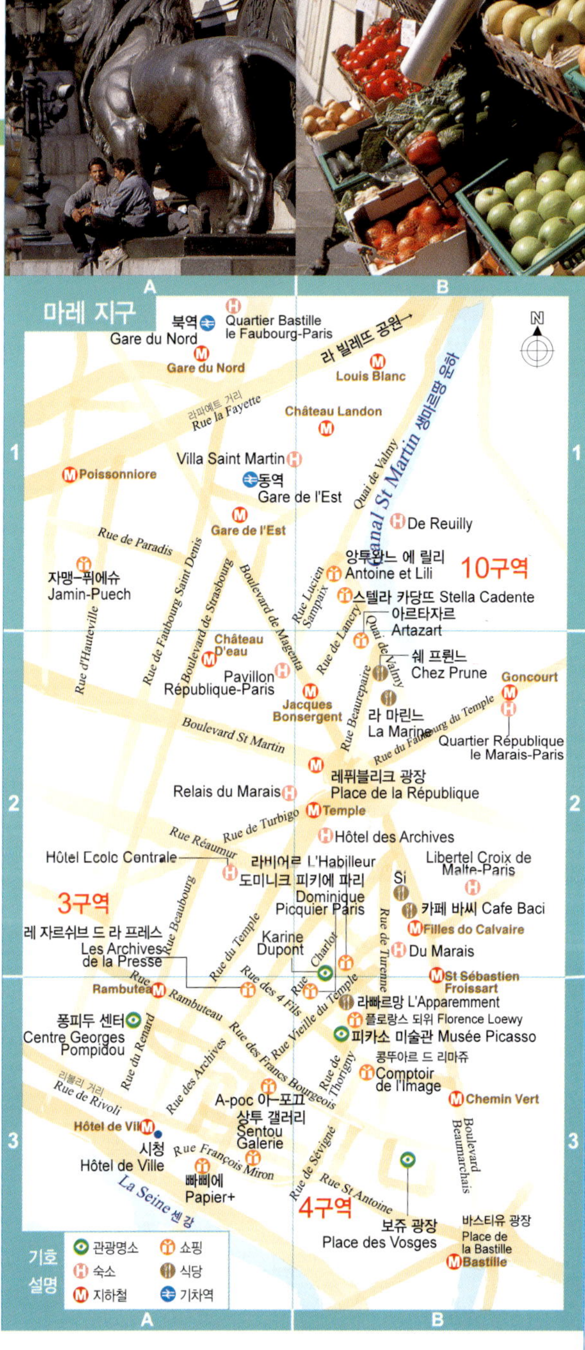
마레 지구
A
B
북역
Gare du Nord
Quartier Bastille
le Faubourg-Paris
Gare du Nord
라 빌레드 공원
Louis Blanc
Rue la Fayette
라파예트 거리
Château Landon
1
Villa Saint Martin
Poissonniore
동역
Gare de l'Est
Quai de Valmy
Canal St Martin
생마르탱 운하
De Reuilly
Gare de l'Est
Rue de Paradis
앙투완느 에 릴리
Antoine et Lili
10구역
자맹-퓌에슈
Jamin-Puech
Rue Lucien Sampaix
스텔라 카당뜨 Stella Cadente
아르타자르
Artazart
Boulevard de Strasbourg
Rue de Faubourg Saint Denis
Rue d'Hauteville
Boulevard de Magenta
Quai de Valmy
쉐 프륀느
Chez Prune
Château D'eau
Rue de Lancry
Goncourt
Pavillon
République-Paris
Rue Beaurepaire
Jacques Bonsergent
라 마린느
La Marine
Rue du Faubourg du Temple
Quartier République
le Marais-Paris
Boulevard St Martin
레퓌블리크 광장
Place de la République
2
Relais du Marais
Temple
Rue de Turbigo
Rue Réaumur
Hôtel des Archives
라비에르 L'Habilleur
Libertel Croix de
Malte-Paris
Hôtel Ecole Centrale
도미니크 피키에 파리
Dominique
Picquier Paris
Si
3구역
Rue Beaubourg
카페 바씨 Cafe Baci
레 자르쉬브 드 라 프레스
Les Archives
de la Presse
Rue du Temple
Karine
Dupont
Rue Charlot
Filles do Calvaire
Du Marais
Rue de Turenne
St Sébastien
Froissart
Rue Rambuteau
Rambuteau
Rue des 4 Fils
Rue Vieille du Temple
라빠르망 L'Apparement
풍피두 센터
Centre Georges
Pompidou
Rue du Renard
Rue des Archives
Rue des Francs Bourgeois
Rue de Thorigny
플로랑스 되위 Florence Loewy
피카소 미술관 Musée Picasso
콩뚜아르 드 리마쥬
Comptoir
de l'Image
Chemin Vert
리볼리 거리
Rue de Rivoli
A-poc 아-포끄
상투 갤러리
Sentou
Galerie
Rue François Miron
Boulevard Beaumarchais
3
Hôtel de Ville
시청
Hôtel de Ville
빠삐에
Papier+
La Seine 센강
Rue de Sévigné
Rue St Antoine
4구역
보쥬 광장
Place des Vosges
바스티유 광장
Place de
la Bastille
Bastille
N
기호
설명
관광명소 쇼핑
숙소 식당
지하철 기차역
A
B

퐁피두 센터
Centre Pompidou

◈ P73A3

🚇 지하철 11호선 Rambuteau 역에서 하차

🏠 Place George Pompidou 75004 Paris

☎ 33-1-4478-1233

🕐 11:00~21:00

休 매주 화요일, 메이데이(5월 1일)

💲 현대미술관 성인 €10
우대티켓 €8, 18세 이하 무료입장

🌐 www.centrepompidou.fr

퐁피두 센터(Centre Pompidou)가 존재하기까지는 1969년에 이 구상을 제안하였던 조르쥬 퐁피두(George Pompidou) 프랑스 대통령의 역할이 컸다. 전 세계에서 가장 큰 현대미술 박물관을 만들겠다는 취지로 공모한 681개의 설계디자인 도안 중에서 이탈리아인 렌조 피아노와 영국인 리차드 로저스의 디자인이 채택되었고, 논쟁을 거듭한 끝에 1972년 착공이 시작되어 1977년 1월에 정식으로 개관하였다.

퐁피두 센터를 바라보면 가장 먼저 원색의 대형 파이프가 눈에 들어온다. 파이프의 색상은 각기 다른 시스템을 의미하는데, 공조시스템은 남색, 전기회로는 노란색, 물은 녹색, 엘리베이터 및 에스컬레이터는 붉은색이다. 이렇게 건물 밖으로 드러난 여러 가지 색상들의 파이프는 바로 퐁피두의 상징이 되었다.

보통의 전통적인 미술관과 달리 퐁피두 센터는 현대미술에 가장 중점을 두었다. 또한 도서 열람 공간을 마련하고 비정기적인 전시회를 자주 열어 관람객들에게 늘 새로운 즐거움을 주고 있다.

그중 중요한 작품들은 국립 근대미술관과 공업 창작센터에 집중적으로 소장되어 있다. 이곳의 소장품들은 근대사회 발전과 밀접한 관계에 있는 예술 창작이 형식에 구애받지 않았음을 보여준다. 회화, 조형미술, 장치 미술, 건축 디자인, 사진, 영화, 멀티미디어 등 다양한 형식의 예술작품을 이곳에서 볼 수 있다.

전시품이 자주 바뀌기 때문에 퐁피두 센터에서는 어느 때 가더라도 새로운 즐거움을 얻을수 있다. 보통 처음 방문하는 경우 현대박물관만을 선택하는 경우가 많은데, 1일권을 구매하여 특별전을 관람하는 것도 추천한다. 파리에는 자주 올 수 있는 것이 아니기 때문에 이번 기회에 현대미술을 관람하면서 두뇌와 감성에 자극을 주면 그야말로 최고의 여행이 될 것이다.

명소

피카소 미술관
Musée Picasso

- P73B3
- 지하철 1호선 Saint-Paul 역에서 하차
- 5 rue de Thorigny 75003 Partis
- 33-1-4271-2521
- 33-1-4804-7546
- 하절기 9:30~18:00
  동절기 9:30~17:30
- 매주 화요일
- €6.5, 우대티켓 €4.5
  18세 이하 무료 입장
- www.musee-picasso.fr

1985년에 피카소 미술관이 되기 이전, 이 건물은 살레 저택(Hôtel Salé)이라는 이름의 비교적 유명한 저택이었다. '살레(Salé)'는 불어로 소금이라는 의미인데. 원래는 1656년 국가의 염세 징수를 담당하였던 피에르 오베르(Pierre Aubert de Fontenay)를 위해 지은 저택이다. 전쟁으로 여러 차례 주인이 바뀌기도 하였고, 후에 베니스 대사 관저였다가 다시 파리예술대학의 건물로 사용되기도 하였다.

피카소 미술관(Musée Picasso)은 초기 작품부터 말년 작품까지 거장 피카소의 작품을 가장 완벽하게 소장하고 있다고 평가받는다. 약 250여년 전의 그림, 160여년 전의 조각, 공예품, 데생, 동판화 등이

라 빌레뜨 공원
Parc de la Villette

- P73B1
- 지하철 5호선 Porte de Pantin 역에서 하차
- 33-1-4003-7575
- 하절기 9:30~18:00
  동절기 9:30~17:30
- 매주 화요일
- 무료 입장
- www.villette.com
  이곳에서 살리라
  (Vivre C'est haviter)
- 33-1-4003-7221
- 월요일~금요일 13:00~19:00
  토요일~일요일 11:00~19:00
  최후 입장 18:00 이전
- 성인 €5.50, 8~12세 어린이 €3

라 빌레뜨 공원(Parc de la villette)은 '21세기 도시공원'의 건설

이곳에 소장되어 있다.

　피카소 미술관은 피카소의 작품 제작 시기에 따라 청색 시대, 입체주의, 흑색 시대 등으로 나뉘며, 20개의 전시실로 세분화되어 있다. 이외에도 브라크(Braque), 루소(Rousseau), 미로(Miro), 르누아르(Renoir) 등의 작품도 일부 전시되고 있다.

　파리에서 생애의 대부분을 보낸 스페인 화가 피카소는 사망하면서 엄청난 상속세로 인해 대부분의 작품을 세금으로 프랑스 정부에 대납하였고, 덕분에 1985년에 피카소 미술관이 개관되었다.

　이밖에 세잔느(Cézanne), 브라

크(Braque), 미로(Miro), 르누아르(Renoir) 작품 등의 피카소 개인의 소장품도 이곳에 보관되어 있다.

을 목표로 설계되었다. 엄청난 경쟁을 뚫고 건축가 Bernard Tschumi의 설계가 적용된 이 공원에는 도시의 진정한 면모가 드러난다. 대형 잔디밭, 광장, 공터 등의 전형적인 공원의 모습 외에 Bernard Txchumi는 공원 내에 '폴리(folly)'라는 빨간색의 기하학적 건물을 배치하여 활동 공간으로 사용하게 하였다. 건축 용어로 설명하자면 기하학적이면서도 해체주의적 양식이라고 하겠다.

　라 빌레뜨 공원에 들어서면 입구에는 바로 음악도시(Cité de la Musique)가 있고, 왼쪽에는 국립 음악학교가 있다. 이곳의 측면에서 Corbusier가 설계한 롱상교회(Ronchamp)의 모습을 감상할 수 있다. 오른쪽에는 음악도시의 연주무대가 있는데, 흰색의 파도 모양 천장이 한쪽을 향해 뻗어나가는 듯한 형태로 마치 공원으로 들어가는 방향을 가리키는 것 같다.

　계속 안으로 들어가면 천장과 육교가 교차하는 곳에 작은 운하를 볼 수 있다. 그 옆으로는 앉을 수 있는 자리와 녹지가 조성되어 있는데, 거장 Philippe Starck이 설계한 은색의 의자들이 공원에 활기를 불어넣고 있다. 어린이공원(Jardin des Enfants)에는 어린이와 동반 가족만이 입장가능한데, 서로 다른 어린이 연령에 맞춰 설계되어 창의력이 돋보인다.

이곳에서 살리라
Vivre C'est haviter

　공원 내에 위치하지만 공원의 관할 밖에 있는 '이곳에서 살리라(Vivre C'est haviter)'는 현대인이 갈망하는 꿈의 집이 건축가에 의해 탄생된 것이라 할 수 있다. 관람객에게 개방된 모델하우스에는 나무집(Maison bois)과 금속집(Maison métal) 2개가 있는데, 두 종류의 건축자재를 이용하여 서로 다른 이상적인 생활을 표현하고 있다. 컬러풀한 외관에 원목을 조합한 나무집의 인테리어는 흰색을 사용하여 밝고, 따뜻한 집의 느낌을 전달하고자 했다.

　큰 유리창과 초콜릿색으로 지어진 금속집은 심플, 모던, 시원한 느낌으로 설계되었다. 어떤 집이든 전달하고자 하는 이상적인 집의 모습은 많은 사람들에게 피력되어 자기 집을 손질하려는 적잖은 여행객들이 이곳을 찾아 영감을 받고 돌아간다.

쇼핑

P73A3

18 rue du Pont Louis Philippe

33-1-4277-4479

33-1-4887-6714

24 rue du Pont Louis Philippe

33-1-4271-0001

33-1-4277-2965

www.sentou.fr

상투 갤러리(Sentou Galerie)는 개인 작품이 아닌 여러 명의 우수한 디자이너가 공동으로 만든 작품을 취급하고 있다. 이 거리에는 2개의 분점이 있는데, No.18은 어린이 취향의 심플한 터치가 특징인 디자이너 Sandrine Fabre의 작품을 위주로 하고 있다. No.24는 가정용품을 위주로 하고 있는데, Alvar Aalto, David Design이 설계한 가구 및 Isamu Noguchi, Tse & Tse의 조명 전등갓 등이 있다. 1997년부터는 Sentou의 독자적인 브랜드 상품도 출시되고 있다.

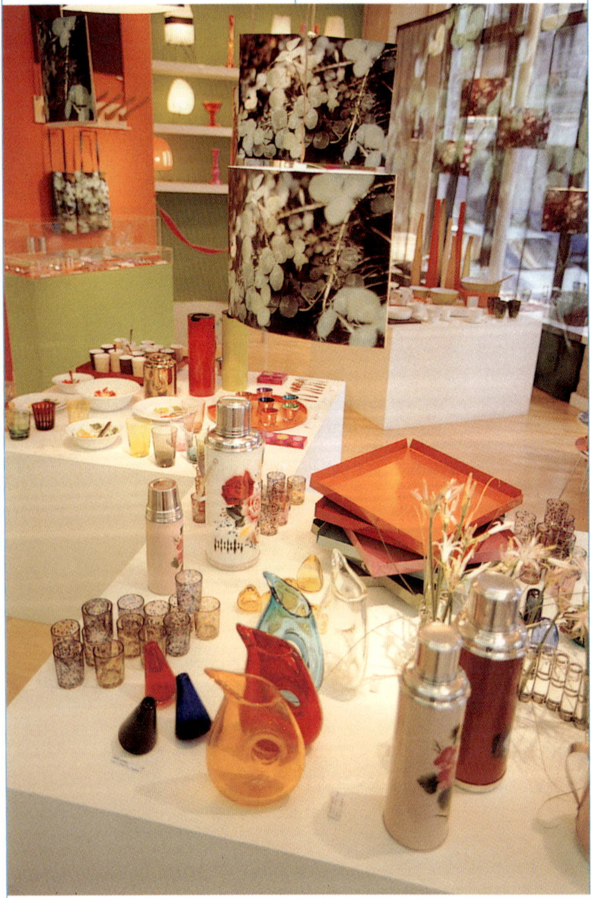

아-포끄
A-poc

P73A3

47 rue des Francs-Bourgeois

33-1-4454-0705

www.isseymiyake.com

아-포끄(A-Poc)는 이세이 미야케(三宅一生)의 테마 숍이다. 같은 재질의 옷감을 재단, 가공하여 색다른 느낌의 옷들을 만들어 내고 있다.

넓은 공간 안에 전시된 옷과 액세서리 등은 마치 공간과 소통하는 듯하다. 이곳이 패션의 공연장인 것처럼 보이고, 심지어는 디자이너의 장난스런 공간인 것 같기도 하다.

콩뚜아르 드 리마쥬
Comptoir de l'Image

P73B3

44 rue de Sevigne

33-1-4272-0392

33-1-4272-1519

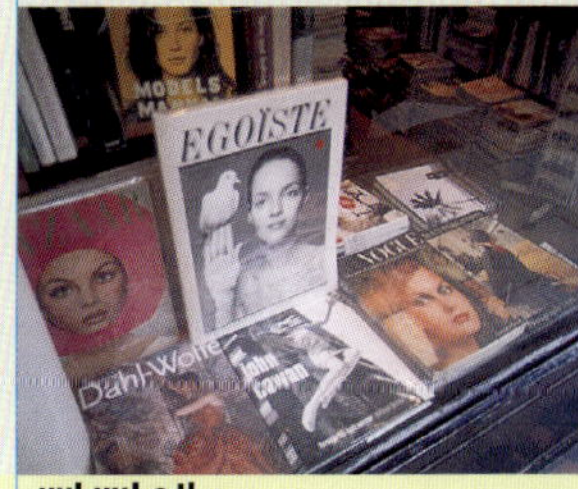

콩뚜아르 드 리마쥬(Comptoir de l'Image)는 사진을 주제로 하는 전문 서점으로 안의 공간이 매우 좁아 1~2명의 사람만 겨우 들어갈 수 있다. 이곳에는 촬영 전문 서적을 비롯하여 패션잡지 과월호들이 수없이 쌓여있다. 잡지들은 모두 프랑스어로 되어있지만 사진만 훑어봐도 눈이 즐거워진다.

Sevigne 거리의 이름은 세비뉴 후작부인(la Marquise de Sevigne)을 기념하여 지은 것이다. 그녀는 19세기의 저명한 여류 작가로 마레 지역의 수많은 저택들의 주인이기도 하다.

빠삐에+
Papier+

P73A3

9 rue du Pont Louis Philippe

33-1-4277-7049

www.papierplus.com

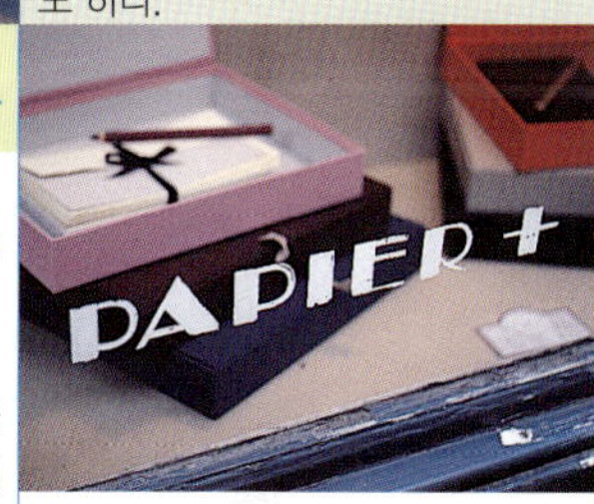

사장 Laurent Tisne는 1976년 출판계를 떠나면서 이곳에 작은 가게를 열었다. 지금은 그의 부인이 경영을 맡으면서 'Papier+'라는 이름을 붙였다. 이곳에서는 주로 무지 속지의 노트류를 판매한다. 노트를 질감이 좋은 옷감이나 가죽끈 등으로 싸서 심플하면서도 특별한 노트를 선보이고 있다.

이밖에도 탈착이 가능한 루스 리프식 노트, 편지봉투, 카드 등 심플한 디자인의 다양한 제품이 있다.

도미니크 피키에 파리
Dominique Picquier Paris

- P73B3
- 10 rue Charlot
- 33-1-4272-2332

　심플한 가방에 예쁜 꽃무늬가 프리트되어 생기 있어 보인다. 복잡한 모양과 다양한 색상을 사용하지 않고도 이렇게 예쁜 가방을 만들어낼 수 있다니 얼마나 놀라운가! 이곳의 가방들은 예쁜 디자인 뿐만 아니라 실용적 가치도 겸비하고 있다. 캔버스 소재의 튼튼한 몸체에 내구성 있는 손잡이 디자인으로 사용하기 편리하게 되어있다.

　봄날 나들이 갈 때 가볍게 들고 가거나, 혹은 집에 놓아두어도 훌륭한 인테리어 아이템으로 활용할 수 있을 것이다.

플로랑스 뢰위
Florence Loewy

- P73B3
- 9-11 rue de Thorigny
- 33-1-4478-9845
- 33-1-4478-9846
- www.florenceloewy.com

　건축가가 디자인한 서점으로, 작은 공간을 최대한 활용하고 있다. 좁고 작은 가게 내부에 자작나무 합판으로 회전식 책꽂이를 만들어 공간을 충분히 활용하고 많은 책을 전시 할 수 있도록 인테리어한 점이 특징이다.

　이 서점은 건축 디자인 관련 서적을 전문적으로 취급하고 있다. 비록 내용은 알아볼 수 없지만 멋진 디자인으로 재미있다는 느낌을 준다.

레 자르쉬브 드 라 프레스
Les Archives de la Presse

- P73A3
- 51 rue des Archives
- 33-1-4272-6393
- 33-1-4272-9373

　만약 60~70년대의 옛날 잡지에 관심이 있는 사람에게는 이곳은 절대 지나쳐서는 안 될 보물창고이다. 패션, 영화, 스포츠, 여행 등 종류도 다양하고, 수량도 아주 많다. Vogue, Marie Claire의 과월호만해도 수백 권이 있으며, 가게 안에는 잡지들이 가득가득 쌓여 있어 겨우 지나갈만한 좁은 통로만을 남기고 있다.

　그냥 가서 보는 것은 문제가 되지 않지만, 특정 잡지의 과월호를 찾고 싶다면 점원에게 부탁하는 것이 낫다.

라비어르

L'Habilleur

P73B2

44 rue de Poitou

33-1-4887-7712

디자이너 제품을 구입하고 싶지만 예산이 부족하다면 명품 아울렛을 추천한다. 비록 이월 상품이기는 하지만 계절에 따라 합리적인 가격으로 마음에 쏙 드는 물건을 구할 수도 있다. 주로 여성 의류를 취급하고 있지만 신발, 액세서리 등도 꽤 있다. 작년의 유행 아이템을 절반 정도 가격에 구입 가능하니 관심 있다면 절대 놓치지 말자.

아르타자르
Artazart

 P73B2
 83 quai de Valmy 75010 Paris
 33-1-4040-2400
 www.artazart.com

　아르타자르(Artazart)는 운하 옆에 있는 예술 서점이다. 전 세계의 예술 디자인 관련 서적을 판매하고 있으며 예술, 건축, 회화 디자인 등 다양한 분야의 책을 취급한다. 내부 인테리어 역시 예술적 영감으로 가득하다. 로모(LOMO) 사진기로 사진을 찍었을 때 나오는 독특한 분위기의 사진들을 가게 안쪽 벽에 가득 붙이고 쇼윈도는 마치 작은 예술 화랑처럼 꾸며놓았다. 서로 다른 테마의 디스플레이로 상당히 전위적이다.

스텔라 카당뜨
Stella Cadente

 P73B1
 93 quai de Valmy
 33-1-4209-6660
 www.stella-cadente.com

　스텔라 카당뜨(Stella Cadente)는 이탈리아어로 '유성(流星)'이라는 뜻이다. 상표 디자인도 유성의 형상을 본뜬 것이다. 우크라이나 혈통의 디자이너 Stanislassia Klein의 깃털, 금속 조각 등의 소재와 따뜻한 색상을 활용한 로맨틱 디자인이 이곳의 가장 큰 특징이다. 입었을 때 아주 편안하기 때문에 모두 입어보고 싶다는 충동을 느끼게 한다.

　몸에 딱 맞춘 듯한 옷과 액세서리, 독특한 모자, 각종 색상의 스카프는 당신을 더욱 여성스럽게 꾸며줄 것이다.

쟈맹–퓌에슈
Jamin-Puech

P73A1

46 rue de Provence 75009 Paris

33-1-4282-1083

www.jamin-puech.com

패션계에 새로운 바람을 일으키겠다는 생각으로 Isabelle Puech와 Benoit Jamin 두 사람이 공동 설립한 브랜드이다. 전통으로 돌아가자는 생각으로 장인의 정교함과 세밀함을 중시한다. 가죽, 구슬, 실 등을 이용하여 작품에 다양한 변화를 시도하고 있으며, 복잡하고 다양한 디자인으로 질감을 더욱 돋보이게 한다. 이곳의 제품은 사람들에게 인기가 좋아 파리에만도 3개의 Jamin-Puech 매장이 있다. 이밖에 뉴욕, 도쿄에도 매장이 있으며 특히 일본인에게 많은 사랑을 받고 있다.

앙투완느 에 릴리
Antoine et Lili

P73B1

95 quai de Valmy

33-1-4037-4155

www.antoineetlili.com

앙투완느 에 릴리(Antoine et Lili)는 모든 것을 취급하는 만물상으로 주로 민속적 색채가 짙은 히피스디일의 옷과 장신구가 많은 편이다. 수작업으로 염색한 티셔츠는 이곳에서 가장 인기가 많은 상품 중 하나이며, 이국적인 분위기가 물씬 풍긴다. 자수에 비즈가 박힌 샌들, 꽃무늬가 그려진 보온병, 귀여운 동물 장식품 등 사람들이 좋아할만한 색상과 디자인이 즐비하다.

매장 옆에는 비슷한 분위기의 카페가 있어 고객들이 쉴 수 있는 공간을 제공한다.

카페 바씨
Café Baci

🔺 P73B2

🚇 지하철 8호선 Filles du Calvaire 역에서 하차하여 Rue des Filles du Calvair를 따라 걷다가 Rue de Turenne 쪽으로 좌회전, 도보 약 15분

🏠 36 Rue de Turenne 75003 Paris

📞 33-1-4271-3670

영국의 패션 잡지 『Wallpaper』는 파리의 가볼만한 레스토랑으로 'Café Baci'를 추천한 바 있다. 이곳은 분위기, 음식뿐만 아니라 서비스에서도 실망시키지 않을 것이다.

회색과 검정색을 인테리어의 주요 색상으로 사용하였으며, 만면에 미소가 가득한 종업원들은 옅은 색의 셔츠와 검은 색 바지를 입어 인테리어와 색을 맞추었다.

Baci는 이탈리아 요리를 주로 하고 있는데, 이곳의 추천 요리는 파스타(linguine rouquette) 이다. 잘게 자른 토마토에 올리브유를 뿌려 먹으면 아주 훌륭하고, 여기에다 피자 또는 에그롤 등을 곁들여도 좋다.

Si
Restaurant Si

P73B2

지하철 8호선 Filles du Calvaire 역에서 하차하여 Rue des Filles du Calvair를 따라 걷다가 Rue de Poitou 쪽으로 우회전, 도보 약 8분. 또는 지하철 1호선 St-Paul 역에서 하차하여 Rue Vielle du Temple를 따라 5분 정도 걸으면 도착.

14 Rue Charlot 75003 Paris

33-1-4278-0231

33-1-4314-6309

매일

매주 토요일 정오부터 일요일까지

심플하고 모던한 이 레스토랑은 바깥에서 보면 마치 작업실 같아 보이며, 마레 지구의 오래된 돌담 안에 숨겨져 있다. 일부러 거친 느낌을 남긴 것인지, 현대적 이미지와 황폐한 느낌을 융합시킨 듯하다. 유중한 나무문을 밀고 들어가면 초콜릿색의 카펫과 아이보리 소파가 먼저 눈에 들어온다. 반투명의 아크릴 의자와 흰색의 원형 조명 등이 서로 어우러져 새로운 재미를 준다.

점심 세트메뉴는 상당히 실속 있기 때문에 많은 직장인들이 이곳에 와서 식사하는 모습을 볼 수 있다. 저녁의 Si는 더 화려한데, 창가에 놓여진 촛불은 은은한 빛으로 지나가는 사람들을 유혹한다. 또 이곳의 정통 프랑스 요리는 상당히 훌륭하기 때문에 마레 지역의 올빼미족들이 가장 좋아하는 장소이기도 하다.

쉐 프륀느
Chez Prune

P73B2
71 quai de Valmy
33-1-4241-3047

눈에 띄는 노란색의 외관과 불규칙한 타일 바닥은 쉐 프륀느(Chez Prune)의 특징이다. 녹색의 모자이크 타일을 이용하여 만든 테이블 위에는 검은 색의 'Prune'라는 글씨가 선명하게 쓰여 있다. 야경이 아름다운 운하 옆에 자리 잡고 있을 뿐만 아니라, 예술적인 인테리어 등도 수많은 예술가와 학생들을 이곳으로 불러 모으고 있다.

Chez Prune는 프랑스풍의 요리를 주로 제공하고 있지만, 그 분위기는 지나치게 엄숙하지 않고 가격도 비싸지 않다. 저녁식사 시간 19:00~22:30에 제공하는 Les Assiettes는 여러 메인 요리에서 몇 가지를 선택해서 먹는 일종의 세트 메뉴 같은 것인데 가격은 우리돈으로 만 원이 채 되지 않는다.

라 마린느
La Marine

P73B2
51 bis, quai de Valmy
33-1-4239-6981

라 마린느(La Marine)의 문은 빨간 색, 노란 색으로 칠해져 있기 때문에 그냥 지나치기 어렵다. 내부에는 커다란 바 가 있고 언제나 팝송이 흘러나온다. 밖에서 시원한 강가의 미풍을 맞으며 식사를 할 것인지, 아니면 실내에서 음악을 들으며 먹을 것인지는 선택하기 어려운 문제이다. 차라리 여러 번 들러서 이것저것 다 해보는 것도 좋을 것이다.

라빠르망
L'Apparemment

P73B3
18 rue des Coutures Saint-Gervais
33-1-4887-1222

피카소 미술관 안에 위치한 라빠르망(L'Apparemment)은 일반 프랑스 카페와 달리 조용하고 은밀하다. 일단 카페 안으로 들어오면 바깥쪽의 사람들이 보이지 않는다.

카페 내부는 천장, 벽, 바닥 등을 포함하여 모두 목재로 장식되어 편안한 느낌을 준다. 가죽 의자에 앉아 편안하게 커피를 마시거나, 다양한 소파 중 하나를 선택해서 식사를 할 수 있다. 특히 이 카페는 가게 안에서 카드놀이도 할 수 있기 때문에 같이 할 사람만 있다면 언제든지 이곳에서 판을 벌릴 수 있다.

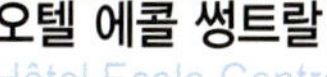

H 숙박

드 뢰일리
De Reuilly

- P73B1
- 33 Boulevard de Reuilly – 75012 Paris
- 33-1-4487-0909
- €47~€82

리베르텔 크루아 드 말뜨-파리
Libertel Croix de Malte-Paris

- P73B2
- 5 Rue de Malte 75011
- 33-1-4805-0936
- 33-1-4357-0254
- €90~€156

뒤 마레
Du Marais

- P73B2
- 2 bis, rue des Commines – 75003 Paris
- 33-1-4887-7827
- 33-1-4887-0901
- €79~€151

까르띠에 바스티유 르 포부르-파리
Quartier Bastille le Faubourg-Paris

- P73A1
- 9 rue de Reuilly – 75012 Paris
- 33-1-4370-0404
- €43~€88
- www.lequartierhotelbf.com

를레 뒤 마레
Relais du Marais

- P73A2
- 76 Rue de Turbigo, 75003 Paris
- 33-1-4272-7888
- 33-1-4027-9369
- €59~€89

오텔 에콜 썽트랄
Hôtel Ecole Centrale

- P73A2
- 3 rue Bailly, 75003 Paris
- 33-1-4804-7776
- 33-1-4271-2350
- €140~€170
- www.hotelecolecentrale.fr

빌라 생 마르탱
Villa Saint Martin

- P73A1
- 27 Rue des Recollets 75010 Paris
- 33-1-4607-0707
- 33-1-4607-1400
- €134~€162
- www.villastmartin.com

까르띠에 레퓌블리끄 르 마레-파리
Quartier Republique le Marais-Paris

- P73B2
- 39 Rue Jean Pierre Timbaud – 75011
- 33-1-4806-6497
- €45~€84
- www.lequartierhotelrm.com

파비옹 레퓌블리끄-파리
Pavillon République-Paris

- P73A2
- 7/09 Rue Pierre Chausson 75010
- 33-1-4018-1100
- 33-1-4018-1106
- €64~€105

오텔 데 자르쉬브
Hôtel des Archives

- P73B2
- 87 rue des Archives, 75003 Paris
- 33-1-4478-0800
- 33-1-4478-0810
- €95~€175

몽마르트

몽마르트르
Montmartre

수백 년 동안 몽마르트르에서는 피카소를 비롯한 유명 화가들이 많이 배출되었다. 오늘날에도 몽마르트르는 여전히 예술가들의 천국으로 많은 예술가들이 이곳에서 자신의 재능을 펼치고 있다. 보석 디자인, 패션 디자인, 혹은 수공예품 등 모두 이곳에서 볼 수 있다. 좁은 돌길을 걷다보면 의도하지 않게 놀랄만한 감각적인 상점을 우연히 발견할 수도 있다. 몽마르트르에는 세계적으로 유명한 캉캉춤을 볼 수 있는 그 유명한 물랭루즈(Moilin Rouge)도 있다.

몽마르트르

Les Puces de Saint-Ouen
생뚜앙 벼룩시장
Porte de St Quen
Porte de Clignancourt
N
몽마르트르
A
B

Boulevard Ney
Hôtel de la Terrasse
Porte de St Quen
Porte de Clignancourt

Rue Championnet
18구역
Simplon
Guy Môquet
Amarys Simart
몽마르트르 묘지
Cimetière de Montmartre
Jardins de Paris Montmartre
Lamarck Caulaincourt
Rue Caulaincourt
Rue Custine
Rue de Clignancourt

Hôtel des Arts
Merryl
Comfort Hotel
Place du Tertre
사크레쾨르 대성당
Basilique du Sacré Coeur
La Fourche
아미야 에기자발
Amaya Eguizabal
팡슈 에 플로
Fanche et Flo
테르트르 광장 Place du Tertre
Hippodrome
Rue des Abbesses
Rue Durantin
Rue des Trois Frères
Beauséjour Montmartre
Timhotel Montmartre
레 되 물랭
Les Deux Moulins
Rue Lepic
가스파르 드 라 뷔뜨 Gaspard de la Butte
물랭루즈
Moulin Rouge
돌리 돌
Doly'doll
벨 드 쥬르
Belle de Jour
Barbes
Rochechouart
Place de Clichy
Blanche
Abbesses
헤븐 Heaven
Bellevue
에로틱 박물관
Musée de l'Erotisme
Boulevard de
파트리샤 루이조르
Patricia Louisor
Anvers
Pigalle
에퓌쎄뚜 Et puis c'est tout
귀스타브 모로 미술관
Musée Gustave Moreau
Rue Fontaine
Eglise St-Jean-de-Montmartre
몽마르트르-생 쟝 교회
엠마뉘엘 지스망
Emmanuell Zysman
샤를르 뒬랭 광장
Place Charles Dullin
Rue de Clichy
Rue N. D. de Lorette
9구역
Rue des Martyrs
Rue de Maubeuge
Rue d'Amsterdam
Rue de la Rochefoucauld
드타이유
Detaille
St Lazare
Rue Saint Lazare
Rue de Chateaudun
N. D. de Lorette
Cadet
갈르리 라파예트
Galeries Lafayette
라 메르 드 파미유
La Mère de Famille
Le
Boulevard Haussmann
Rue de la Chaussée d'Antin
Rue la Fayette
Rue Richer
Rue du Faubourg Montmartre
Passage Verdeau
Rue Auber
Rue le Peletier
Rue Drouot
Grands Boulevards
Opéra
Boulevard Montmartre
Chaussée d'Antin

기호
설명
관광명소
쇼핑
숙소
식당
지하철
기차역

👁 명소

몽마르트르 묘지
Cimetiére de Montmartre

🔺 P91A1

🚇 지하철 2, 13호선 Place de Clichy 역에서 하차

🏠 20 avenue Rachel

☎ 33-1-5342-3630

　예술가들이 모여 있는 몽마르트르에도 조용한 곳이 있으니 바로 몽마르트르 묘지(Cimetiére de Montmartre)로 19세기 초부터 예술가들이 영면하는 장소이다. 만약 영화에 관심이 많다면 프랑스 영화감독 프랑수아 트뤼포(François Ronald Truffaut)의 묘비를 찾아보자. 이곳에 묻힌 유명인으로는 작곡가 베를리오즈, 오펜바흐, 독일의 시인인 하이네 등이 있다.

생 뚜앙 벼룩시장
Les Puces de Saint-Ouen

🔺 P91A1

🏠 Saint-Ouen

　이곳은 파리에서 가장 큰 벼룩시장이다. 지하철역 출구에서부터 수

킬로미터에 달하는 길에 옷, 장신구, 아프리카 공예품, 군복 등을 포함하여 음료, 간식 등을 파는 좌판이 들어서서 없는 것 없이 다 구할 수 있는 곳이라고 해도 과언이 아니다.

　색다른 물건을 구입하고 싶다면 인내심을 가지고 이곳저곳을 자세히 둘러보자. 각종 골동품이라든지, 축음기, 타자기, 탁자 등도 어렵잖게 찾을 수 있다. 낡았어도 여전히 사용 가능한 것들도 많으며, 고서라든지 세계 각지의 오래된 포스터 등도 많다.

샤를르 뒬랭 광장
Place Charles Dullin

🔺 P91B2

　거리 구경에 지친다면 이 광장에 가서 잠시 쉬는 것도 좋다. 울창한 나무 그늘 아래에서 사람들을 구경하는 것도 또 다른 재미이다. 광장의 오래된 극장인 떼아트르 드 라 뜰리에(Theatre de l'Atelier)를 구경한 다음 주변의 상점들을 둘러봐도 좋다. 오르셀 거리(Rue d'Orsel)에는 재미있는 가게가 많으니 충분히 쉰 다음 이 거리도 여유롭게 둘러보자.

사크레쾨르 대성당

Basilique du Sacré-coeur

P91B2

지하철 12호선 Abbesses 역
에서 하차

35 rue du Chevalier-de-la-
Barre

33-1-5341-8900

성당 6:00~23:00
돔 9:00~17:30
여름에는 19:00까지 개방

몽마르트르의 상징인 사크레쾨르
대성당(Basilique du Sacré-coeur)
은 흰색 돔의 건물로, 몽마르트르
언덕 위에 자리잡고 있다. 파리의
다른 교회와는 설계 자체가 완전히
달라 설계 당시 상당히 대담한 스
타일로 여겨졌다.

사크레쾨르 대성당은 보불전쟁을
기념하여 18세기 말에 지어진 것
이다. 1870년 프로이센이 프랑스를
침략하여 파리는 4개월 동안 포위
당했었다. 겨렬한 전쟁은 모든 식
량이 동날 때까지 지속되었다.

후에 파리가 전쟁의 위협으로부
터 벗어나게 되자 이들은 예수에게
감사하는 마음으로 사크레쾨르 대
성당을 지었다. 성당의 정문 가장
높은 곳에 예수의 조각상이 있으
며, 대문 입구의 부조에서도 예수
의 생애에 대해 묘사하고 있다.

사실 이곳에서 주목을 받는 것은
성당 건물만이 아니다. 성당 앞쪽
에 있는 계단식 광장 역시 많은 사
람들이 모이는 장소이다. 이곳에서
는 춤, 노래, 연주 등의 거리 예술
공연이 종종 열리기 때문에 주말을
즐기기에 적당하다.

몽마르트르-생-쟝 교회
Eglise St-Jean-de Montmartre

P91B2

19 rue des Abbesses

33-1-4606-4396

아베세(Abbesses) 지하철역에서 나와 고개를 돌려보면 특이한 모양의 지하철 출구를 발견할 수 있다.

출구의 광장 맞은편에는 이 특이한 교회가 있는데, 설계사 아나톨르 드 보두(Anatole de Baudout)가 1904년에 완성한 것이다. 다른 일반 교회들의 고전적 양식과는 달리 20세기 초에 완성된 몽마르트르-생-쟝 교회(Eglise St-Jean-de-Montmartre)는 파리에서 철근과 시멘트를 이용해 만든 최초의 교회이다. 반짝반짝 빛나는 원색의 보석들로 장식된 이 교회는 세기말의 퇴폐적 분위기와 엄숙함을 동시에 갖고 있다.

파사쥬 베르도
Passage Verdeau

P91B3

파사쥬 베르도(Passage Verdeau)는 오래된 카메라를 많이 볼 수 있는 거리 끝까지 가면 갈르리 데 리브르(Galerie des Livres)와 연결되고, 조금나 더 가면 파사쥬 쥬프로이(Passage Jouffroy)와 파사쥬 데 파노라마(Passage des Panoramas)등으로 이어진다. 동화 속의 신비한 작은 길처럼 계속 이어지는 아케이드들을 지나가자면 아주 흥미롭다.

이곳에서 가장 많이 볼 수 있는 곳은 우표 수집 상점이며, 귀여운 아이스크림 가게, 작은 식당 등도 있다. 잠시 지도를 펼쳐 아케이드 안에서 작은 모험을 즐겨보자.

 쇼핑

돌리' 돌
Doly'doll

P91A2

41 rue des Abbesses

33-1-4264-5011

33-1-4606-7881

터프한 천사의 모습으로 변하길 원하는가? 아니면 분홍색의 금발 공주? 화려하게 인테리어된 매장과 대담한 스타일의 옷, 액세서리

들을 보고 있자면 마치 스타의 드레스룸 안에 들어와 있는 듯하다. 평소의 모습을 잠시 버리고, 화려하게 변신하는 것도 여행지에서 즐길 수 있는 일탈이다.

아마야 에기자발
Amaya Eguizabal

P91A2
45 rue Lepic
33-1-4492-9146

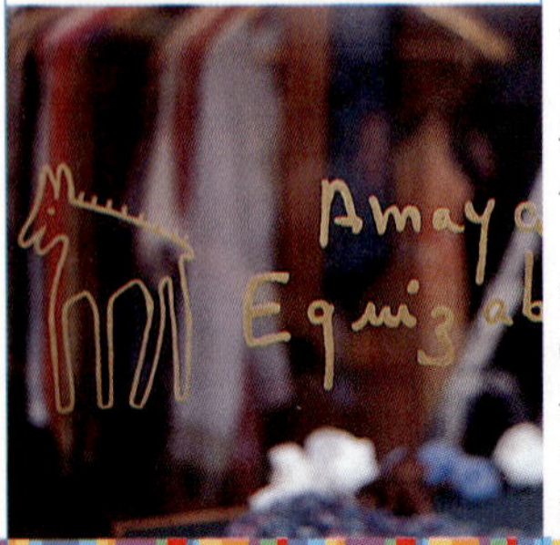

자신의 이름을 간판으로 내세운 디자이너 Amaya Eguizabal의 조용한 성격은 그녀의 작품에서도 드러난다. 몇 평에 불과한 작은 공간에 스카프, 가방 등의 작품들이 전시되어 있고, 뒤쪽에는 그녀의 작업실이 있다. 매장의 상품은 모두 그녀가 직접 만든 것이기 때문에 모든 제품은 유일무이의 것이라고 할 수 있다.

Amaya는 친절하게 상품에 대해 일일이 소개할 뿐만 아니라 스타일에 대한 조언도 아끼지 않는다. 이곳에서 특히 추천할 만한 것은 스카프로 배색이 심플하면서도 호방하여 아주 실용적이다.

팡슈 에 플로
Fanche et Flo

P91A2
17 rue Durantin
33-14251-2418
33-1-4251-1139

아프리카 앙골라 출신의 Flo와 프랑스 국적의 아내 Fanche는 소르본느 대학의 동기였다. Flo는 옷감에 그림을 그리거나 염색을 하고, Fanche는 의류 디자인과 제작을 맡는다.

몽마르트르의 이 작은 가게는 대담한 색깔과 독특한 옷감 등을 사용하여 한정 상품을 만들어 낸다. 최근에는 이 옷감 등을 옷뿐만 아니라 조명, 가구 등에도 활용하여

생활과 밀접한 작품들을 계속 창작하고 있다.

가스파르 드 라 뷔뜨
Gaspard de la Butte

P91B2

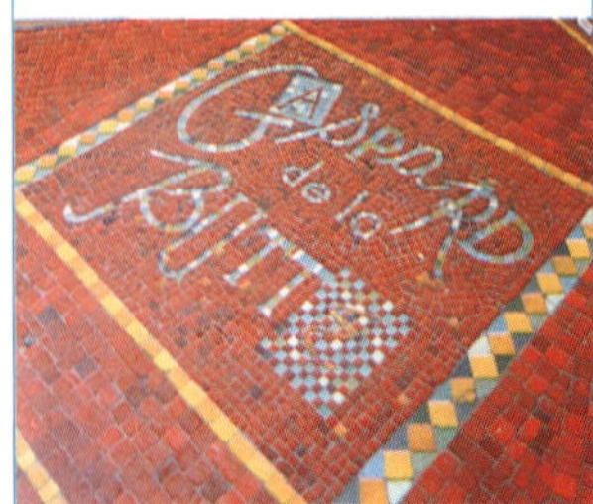

0 bis, rue Yvonne Le Tac
33-1-4255-9940
www.gasparddelabutte.com

이곳에서는 0세부터 6세까지의 어린이를 위한 옷을 디자인하고 있다. 끊임없이 샘솟는 창의력 덕분에 정장, 상의, 조끼부터 모자, 신발까지 모두 갖춰져 있다. 명함도 매우 깜찍하고, 디자인도 귀여워 이곳에서 예쁘게 단장한 아이를 데리고 있는 부모들을 보면 부러울 정도이다.

에 퓌 쎄 뚜
Et puis c'est tout

P91B2

72 rue des Martyrs

33-1-4023-9402

복고풍의 디자인, 조명, 가구 등을 찾고 싶다면 이곳에 들르면 된다. 벼룩시장의 잡다한 물건들과는 달리 이곳에는 재미있는 캔, 찻잔 등 종류가 다양해 많은 고민을 해야 한다. 각 소품들은 인테리어용으로 적합하기 때문에 장식으로 두면 좋을 듯하다.

특히 재떨이를 추천하는데, 다양한 재질과 예쁜 디자인으로 비흡연자들도 많은 관심을 갖는다.

파트리샤 루이조르
Patricia Louisor

P91B2

16 rue Houdon 75018 Paris

33-1-4262-1042

www.patricialouisor.com

디자이너 Patricia Louisor는 소니아 리키엘(Sonia Rykiel)의 홍보를 맡고 있을 때부터 의류 및 액세서리 디자인을 시작하여 지금은 정교한 디자인과 합리적인 가격으로 젊은이들이 가장 좋아하는 브랜드를 만들었다.

Patricia Louisor가 디자인한 제품은 다양한 색깔의 사각형 도안이

특징으로 다른 제품과구별하기가 매우 쉽다. 또한 나팔모양 소매와 불규칙한 호주머니 역시 큰 특징 중 하나이다. 기하학적 도형이 들어간 옷은 이곳의 추천 상품이다.

드타이유
Detaille

P91B2

10 rue St-Lazare

33-1-4878-6850

33-1-4016-9718

www.detaille.com

유서 깊은 화장품 브랜드인 드타이유(Detaille)는 1905년부터 지금

헤븐
Heaven

P91B2

83 rue des Martyrs 75018 Paris

33-1-4492-9292

www.heaven-paris.com

국제 커플이 손잡고 개업한 곳으로 영국인 부인 Lea-Anne Wallis가 디자인한 영국 런던 스타일의 남녀 정장은 과도한 장식이 없이 심플한 멋이 있다.

프랑스인 남편인 Jean-Christophe Peyrieur는 크리스털, 붉은 깃털 등을 이용하여 로맨틱한 전등갓을 수

작업으로 만든다. 'Heaven'이라는 이름의 이 가게는 의류부터 장신구까지 모두 완벽하다.

엠마뉘엘 지스망
Emmanuelle Zysman

P91B2

81 rue des Martyrs

33-1-4252-0100

33-1-4252-3727

디자이너 Emmanuelle Zysman은 원래 프랑스 문학을 가르치던 교사였으나, 가방 디자이너가 되어 사람들의 사랑을 받게 되었다. 현재 그녀의 작품은 모두 백화점 전문 매장에서 팔리고 있다.

그녀의 제품은 이국적 분위기가 물씬 풍긴다. 전 세계의 재미있는 그림, 영상 등은 모두 디자인의 영감이 된다. 민속적인 스타일과 식민지적 스타일을 녹여 새로운 작품으로 만들어 내는 그녀의 자유로운 감각은 많은 사람들이 찾아오도록 만들고 있다.

까지 줄곧 동일한 방법으로 제품을 만들어왔다. 향료를 첨가하지 않은 천연가공 방법으로 여성들에게 가장 자연스럽고 완벽한 상품을 제공하고 있으며 심플함을 포장의 주요 포인트로 삼고 있다.

Detaille는 여성의 얼굴을 보호하는 에센스를 제일 처음 출시하였는데, 바깥 활동이 많아진 현대 여성들에게 인기가 많다. 꽃, 식물 등의 천연 원료만을 이용하여 만든 기초 보호 제품도 추천할 만하다. 얼굴색에 따라 선택하는 파우더 등은 바깥 오염으로 피부를 보호하는 역할도 하기 때문에 현대 여성들에게 적합하다.

벨 드 쥬르
Belle de Jour

P91B2

7 rue Tardieu

33-1-4606-1528

33-1-4254-1947

이 매장은 향수를 좋아하는 사람이라면 아주 좋아할 만한 곳이다. 흔히 볼 수 있는 향수병부터 희귀한 것까지 예쁜 향수병들이 가득하다. 향수 외에도 식물 유액, 머리핀, 비누 등이 수작업으로 만들어져 소박한 맛이 있다. 오늘날 대부분의 향수병이 대량 생산되고 있지만 복고풍의 아름다운 향수병들이 *Belle de Jour*의 향수를 더욱 매력있게 한다.

식당

라 메르 드 파미유
La Mère de Famille

P91B3

35 rue du Faubourg Montmartre 75009 Paris

33-1-4770-8369

www.lameredefamille.com

쇼윈도에 맛있어 보이는 간식들이 가득 진열되어 있어 많은 사람들에게 행복한 고민거리를 안겨주는 전통 과자점이다. 외관에서부터 이 가게의 역사를 느낄 수 있는데, 1761년부터 지금까지 사용하고 있는 문이 La Mère de Famille의 오랜 세월을 느낄 수 있게 해준다. 가게 안쪽에는 쿠키, 초콜릿, 과일사탕, 각종 잼 등이 예쁘게 포장되어 사람들의 선택을 기다리고 있다.

파리 시민들은 이 가게에 와서 선물을 산다. 흰 눈동자 같이 생긴 칼리수 드 프로방스(Calissou de Provence)는 프로방스의 대표적인 전통 과자이다. 사서 친구들과 같이 나눠먹으면 더욱 맛이 있다.

카페 레 되 물랭
Café Les Deux Moulin

P91A2

15 rue Lepic

33-1-4254-9050

검정 단발머리, 동그란 눈동자의 아멜리에는 물수제비를 뜨며 노는 것을 좋아하고, 스푼으로 푸딩 위의 캐러멜을 먹는 것을 좋아한다. 다른 사람 도와주기를 좋아하는 《아멜리에》는 전세계 영화팬들의 마음을 훔쳤다.

사랑스런 캐릭터의 아멜리에는 이곳 레 되 물랭(Café Les Deux Moulin)에서 일하는 점원으로 나오기 때문에 영화팬들이 파리에 오면 꼭 들러야 할 명소가 되었다.

커다란 영화 포스터가 가게 안쪽에 걸려있어 마치 아멜리에가 쳐다보고 웃는 듯한 느낌이 든다. 철로 만든 작은 선풍기가 천정에 매달려 있고, 일본 관광객들이 모여 일본어로 재잘재잘 떠드는 모습은 아주 일상적이다. 이 카페에 오게 되면 아멜리에가 일하던 카운터를 잊지 말자. 어디에서 어떤 장면이 촬영되었는지를 생각해보는 것도 또 다른 재미이다.

숙박

콩포르 오텔 플라스 뒤 테르트르
Comfort Hôtel Place du Tertre

- P91B2
- 16 Rue Tholozé, 75018 Paris
- 33-1-4255-0506
- 33-1-4255-0095
- €95～€120
- www.comfort-placedutertre. com

보세쥬르 몽마르트르
Beauséjour Monrmartre

- P91A2
- 6 rue Lecluse, 75017 Paris
- 33-1-4293-3577
- 33-1-4294-1908
- €63～€130

오텔 드 라 테라스
Hôtel de la Terrasse

- P91B1
- 67 Rue Letort, 75018 Paris
- 33-1-4606-4501
- €44～€80

벨뷔
Bellevue

- P91B2
- 19 Rue d'Orsel, 75018 Paris
- 33-1-5341-3200
- 33-1-4606-1522
- €74～€240

메릴
Merryl

- P91B2
- 7 rue Pajol, 75018 Paris
- 33-1-4607-7665
- 33-1-4036-5087
- €60～€85

쟈르댕 드 파리 몽마르트르
Jardins de Paris Montmartre

- P91B1
- 131 rue Ordener, 75018 Paris
- 33-1-4252-9900
- 33-1-4264-2816
- €94～€135
- www.hotelsjardinsdeparis.com

아마리 시마르
Amarys Simart

- P91B1
- 7 rue Simart, 75018 Paris
- 33-1-4606-8387
- 33-1-4258-3967
- €69～€89
- www.amarys-simart.com

오텔 데 자르
Hôtel des Arts

- P91B2
- 5 rue Tholozé, 75018 Paris
- 33-1-4606-3052
- €74～€93
- www.hotel-des-arts.net/ indexs.htm

이뽀드롬므
Hippodrome

- P91A2
- 7 Rue Forrest, 75018 Paris
- 33-1-4387-6552
- 33-1-4387-3263
- €59～€73

팀호텔 몽마르트르
Timhotel Montmartre

- P91B2
- 11 rue Ravignan, Place Emile Goudeau, 75018 Paris
- 33-1-4255-7479
- 33-1-4255-7101
- €130～€160
- www.timhotel.com/hotels/vf/ montmartre.html

파리 근교
Paris Suburb

퐁텐블로

Fontainebleau

◎ **가는 방법:** 파리의 리옹역(Gare de Lyon)에서 그랑드 리뉴(Grandes Lignes) 방향 기차를 타고 퐁텐블로-아봉(Fontainebleau-Avon) 역에서 하차. 운행 편수는 많은 편이다.

◎ 여행자 서비스센터

🏠 4 Rue Royale – 77300 Fontainebleau

📞 33-1-6074-9999

◎ 참관 정보

⌚ **그랑 다빠르뜨망 :** 나폴레옹 1세 기념관, 위젠느 황후의 응접실 및 중국관 : 10〜5월 9:30〜17:00, 6〜9월 9:30〜18:00까지 매일 개방. 매주 화요일은 휴관

⌚ **쁘띠 따빠르뜨망 :** 9:00〜17:00(프랑스 가이드와 대동해야만 들어가 참관 가능. 하루에 4〜6차례의 투어가 있으며, 정보 센터에서 시간표를 구할 수 있음)

💲 **그랑 다빠르뜨망, 나폴레옹 1세 기념관, 위젠느 황후의 응접실 및 중국관 :** €5.5, 쁘띠 아빠르뜨망 : €3

🌐 www.fontainebleau.fr

폽텐블로는 베르사이유 궁전과 같은 사치스러움과 화려함은 없지만 수백 년간 이곳에서 거주했었던 왕실의 흔적을 엿볼 수 있다. 이곳의 역사는 길고도 중요하다. 특히 천하를 함락시킨 나폴레옹 역시 폽텐블로를 잊지 못하였다.

퐁텐블로 소개

　퐁텐블로는 그 이름만큼 아름다운 성이다. 17,000헥타르의 퐁텐블로 숲속에 자리 잡은 성은 프랑스 역대 통치자들의 별궁 중 하나였다. 원래 왕의 사냥숙소였으나, 성 주인들의 기호에 따라 점차 증축을 하면서 지금의 모습이 되었다.

　퐁텐블로 중 현재 개방되는 곳을 주로 그랑 다빠르뜨망, 르네상스 궁전, 쁘띠 따빠르뜨망 등이고, 성 주변에는 4개의 정원이 있다. 이 정원들은 서쪽에서 동쪽까지 서로 연결되어 있으며, 규모는 3헥타르 정도이다. 이렇게 다른 건축 스타일은 16세기부터 19세기의 시골 관저의 모습을 떠오르게 한다.

　퐁텐블로는 12세기부터 존재하였다. 현재 정원 안에 남아있는 성탑은 그중 최초의 건축물로 필립 오귀스트(1165~1223), 생 루이(1214~1270), 필립 4세(1268~1314) 등이 모두 사용했었던 옛 국왕의 거처였다. 생 루이는 퐁텐블로를 특히 좋아하여 이곳을 '조용한 곳'으로 부르고 1259년에는 이곳에 트리니테 수도원을 세웠다.

나폴레옹 1세 기념관
Musée Napoleonien d'Art et
d'Historie Militaire

P109

루이 15세 궁전 내에 있으며, 나폴레옹 및 그 가족, 황제 시절의 소장품 등을 보관하고 있다. 그림, 조각, 실내 소품, 예술 작품, 거주했던 방, 사용했던 무기, 장식품 등이 있다. 다양한 소장품들은 나폴레옹 황제와 이탈리아 국왕의 생애, 군대 생활 등을 보여주고 있다. 이밖에 마리 루이즈, 로마 국왕, 황제의 모친, 형제자매들의 초상화 등도 볼 수 있다.

다이안느 정원
Jardin de Diane

P108

다이안느 정원(Jardin de Diane)은 앙리 4세 당시 이곳에 있던 분수의 조각을 따서 이름 지어졌다. 지금 있는 조각은 1813년에 설치된 것으로 원래의 청동조각을 대신하여 설치했다.

사슴 회랑
Galerie des Cerfs

P108

사슴 회랑(Galerie des Cerfs)는 길이 74m, 폭 7m의 갤러리로 루이 푸와송이 1600년 경에 설립한 것이다. 이곳의 벽에는 앙리 4세 시대의 왕실 건축과 성곽, 성 주변의 숲 전경 등이 그려져 있다.

1657년 10월, 스웨덴의 크리스티나 여왕이 그녀의 시위대장을 살해한 사건이 이곳에서 발생하였었다. 그밖에 이곳에서 볼 수 있는 청동조각들은 예전에 정원이나 성 바깥의 장식품이었다고 한다.

페라슈발 계단
Escalier du Fer-à-Cheval

P109

최초의 말발굽 모양 계단은 앙리 2세 때 만들어졌고, 지금 볼 수 있는 것은 1632년에 원래 16세기에 훼손된 계단을 복구한 것이다.

대화단
Grand Parterre

P108

대화단(Grand Parterre)은 잉어연못의 동쪽에 위치한다. 강둑을 따라 아래로 내려가면 금문(金門)에 도착하게 된다.

이 프랑스식 공원은 정원사 르노트르(LeNôtre)가 1600년부터 1644년까지 노력하여 만든 작품이다. 원래 이곳은 프랑수아 1세의 화원이었지만, 이후 앙리 4세가 수리 시설을 만들고 정원사에게 새롭게 디자인하게 하여 지금의 대화단이 되었다고 한다. 꽃밭을 천천히 걷다보면 이탈리아 풍의 발코니와 작은 교회 등이 있다.

트리니테 성당
Chapelle de la Trinité

🔺 108

현재의 성당은 16세기에 지어진 건축물로, 그 이전에는 생 루이가 설립한 트리니테 수도원이었다. 국왕과 왕비는 일반적으로 관람석에서 미사를 보았고(중요한 절기 등이 되어야만 내려왔다), 제단의 장식되지 않은 테라스는 연주가와 가

퐁텐블로 1층 및 정원 구조도

기호설명

■ 그랑 다빠르뜨망   ■ 쁘띠 따빠르뜨망   ■ 나폴레옹 1세 기념관

■ 그랑 다빠르뜨망
❶ 트리니티 성당

■ 쁘띠 따빠르뜨망
❷ 왕의 접견실
❸ 왕의 제1 객실
❹ 왕의 제2 객실
❺ 왕의 의상실
❻ 왕의 호위실
❼ 왕의 침실
❽ 왕의 침실 사이의 공간
❾ 왕의 서재(제3실)

❿ 왕의 서재(제2실)
⓫ 왕의 서재(제1실)
⓬ 모퉁이 접견실
⓭ 지형도실
⓮ 왕비의 응접실
⓯ 왕비의 침실
⓰ 왕비의 욕실
⓱ 통로방
⓲ 왕비의 제 2 거실
⓳ 왕비의 제 1 거실 또는 당구장
⓴ 복도

㉑ 왕비의 접견실
㉒ 사슴 복도

■ 나폴레옹 1세 기념관

수 등을 위해 준비된 별도의 장소였다.

이곳의 대부분의 공사는 앙리 4세와 루이 13세 시기에 이루어졌다. 20세기에 성당을 복구하면서 루이 14세 시기에 그려진 타원형 회화는 2층의 창문 사이에 배치되었다.

이곳에서도 수많은 역사적 사건이 발생하였는데, 1725년의 루이 15세 결혼식, 1810년 나폴레옹 3세의 세례 및 1837년의 루이 필리프의 장자의 결혼식이 열렸다.

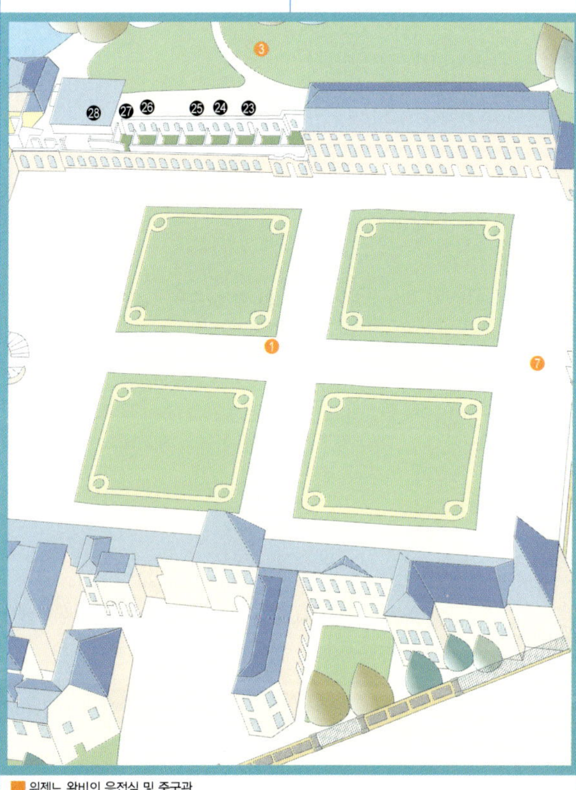

■ 위젠느 왕비의 응접실 및 중국관

23 9홀 : 어머니
24 10홀 : 조세핀
25 11홀 : 루이
26 13홀 : 알리사
27 14홀 : 발리나
28 15홀 : 카리나

■ 위젠느 왕비의 응접실 및 중국관
1 백마 정원
2 분수 정원
3 영국식 정원
4 대화단
5 오발(Ovale) 정원
6 다이안느 정원
7 대문

프랑수아 1세의 회랑
Galerie Francois I

P114

　1494년 프랑스는 이탈리아를 침공하였다. 이때, 이탈리아의 르네상스 사상이 프랑스에 전해져 특히 프랑수아 1세의 재위 당시에 크게 유행하였다. 앙리 4세에 이르기까지의 퐁텐블로궁은 유럽 예술가들이 모이는 집결지 중의 하나였다.

　프랑수아 1세는 르네상스 풍의 복도를 만들고자 1553년부터 1540년까지 미켈란젤로 학파의 이탈리아 예술가 로소(Il Rosso)와 프랑스, 이탈리아의 조각가, 화가 등에게 특별히 청하여 이 복도의 벽화 및 대리석 조각 등을 완성하였다.

　복도의 길이는 60m, 폭은 6m 정도 되며, 원래 양쪽에서 채광이 드는 건물이었으나 1785년에 증축하면서 북쪽의 창문을 막아버렸다.

　자세히 들여다보면 복도의 각 공간에는 조각과 인문주의 회화 등이 섞여 적절히 배치되어 있다. 양쪽

접시 회랑
Galerie des Assiettes

P114

　접시 화랑(Galerie des Assiettes)은 1840년 루이 필리프 시대에 지어졌으며, 천장과 벽에 그려진 유화는 다이안느 복도의 석고유화를 다시 그린 그림이다. 유화에는 신화 중의 신들과 사냥꾼의 이야기가 그려져 있는데, 뒤부아 및 그의 조수들은 1600년에 시작하여 1605년에야 비로소 그림을 완성하였다.

　이곳에 소장된 128개의 퐁텐블로 식기(1839~1844년까지 사용)는 루이 필리프 시대에 상감기법으로 만들어진 접시들이다. 한 번도 사용된 적이 없는 도자기 접시에는 이곳에서 발생한 역사적 사건 및 퐁텐블로궁, 숲의 풍경, 외국 풍경 등이 그려져 있다.

왕의 호위실
Salle des Gardes du Roi

P114

　이곳은 국왕의 호위가 지키던 곳으로, 신하들이 그랑 다빠르뜨망에 들어오고자 할 때 대기하던 곳이다. 그랑 다빠르뜨망은 국왕과 황후의 일상생활 공간이었으며 신하들은 그들의 신분에 상응하는 공간에만 출입을 허락받았다.

　이곳의 가구들은 제 2제국 시기에 배치된 것이다. 강렬한 르네상스 풍의 벽장식들은 1834년부터 1836년의 시기에 그려진 것이다. 여기에는 16세기부터 17세기의 역대 국왕의 휘장, 국왕, 황후의 머리글자, 상징물, 이름, 승리 날짜 등이 그려져 있다.

의 호두나무 창살에는 금칠한 도룡뇽이 새겨져 있는데, 이는 프랑수아 1세의 동물 상징이다.

나폴레옹의 방
Chambre de Napoléon

P114

　이곳은 나폴레옹 1세의 집무실이었다. 철제 침대 머리 장식에는 도금한 황실 표지가 있는데, 1811년에 황실의 요구에 따라 만들어진 것이다.

　나폴레옹의 비서였던 남작의 회고록에 따르면, 나폴레옹은 오직 이 방만을 자신의 집이라고 생각하고 대부분의 시간을 이 방에서 보냈다고 한다. 그의 생활에 있어서 이 방을 제외한 모든 것은 그로부터 멀리 떨어져 있었다는 것을 알 수 있다.

무도회실

Salle de Bal

P114

무도회실(Salle de Bal)은 길이 30m, 폭 10m의 공간으로, 16세기 루이 13세 시기와 19세기에 여러 차례의 성대한 경축 행사가 거행되었던 곳이다.

무도회실은 프랑수아 1세 시기에 착공되었다. 원래는 아치형의 천정이었으나, 퐁텐블로의 수석 디자이너가 이탈리아 양식 중에서 영감을 얻어 무늬를 그려 넣은 편평한 천정으로 바꾸었다. 이곳에는 10개의 큰 유리창이 있으며, 북쪽에는 퐁텐블로에서 가장 오래된 정원이 있고, 남쪽으로는 대화단과 가깝다.

금빛 찬란한 무도회실에 있는 벽화는 신화, 수렵 등과 관련된 주제를 주로 묘사하였다. 전체 장식 중에는 왕의 이름 첫 자에서 딴 알파벳과 초승달(국왕을 상징)이 조합된 도안이 많이 사용되었다. 자주 볼 수 있는 알파벳은 C(카리나 왕비), D(국왕의 애인이었던 다이안느) 등이 있다. 이외에

왕비의 방

Chambre de l'impératrice

P114

16세기 말부터 1870년까지 거의 모든 왕비들이 사용했던 방으로 지금은 조세핀 왕비가 사용하던 당시 모습을 복원한 것이다. 가장 나중에 이 방을 사용한 주인은 위젠느 왕비였다.

재미있는 것은 방 안의 장식에서 서로 다른 왕비의 모습을 볼 수 있다는 것이다. 예를 들어 천장 중간은 오스트리아의 안나 왕비를 기념하고 있으며, 문장식, 침대 등은 마리 앙투아네트, 벽의 휘장 및 실내 장식품 등은 조세핀 왕비의 것이다.

도 무도회실의 웅장한 벽난로 역시 수석 디자이너의 작품이다. 두 개의 동상은 프랑스 대혁명 시기에 소실 되었다가 1966년에 복원되었다.

왕의 방
Salle du Trône

P114

이곳은 옛 군주시기의 국왕의 집 무실이었다. 나폴레옹은 1808년에 이곳을 왕의 방(Salle du Trône)으 로 개명하고 일요일마다 이곳에서 신서 및 알현 의식을 거행하였다.

여기에서도 수 대에 걸친 장식품 을 볼 수 있는데, 천장 중간의 징두 리 벽판이나 삼각으로 덧댄 문 등 은 17세기 중엽의 작품이다. 기타 창살이나 조각상 등은 1752년부터 1754년에 제작된 것이다.

그중 필립 드 샹파뉴 학파의 루 이 13세 초상화는 1837년에 군주제 를 기념하여 이곳에 그냥 두었다.

황제의 개인 응접실
Salon de l'Abdication

P114

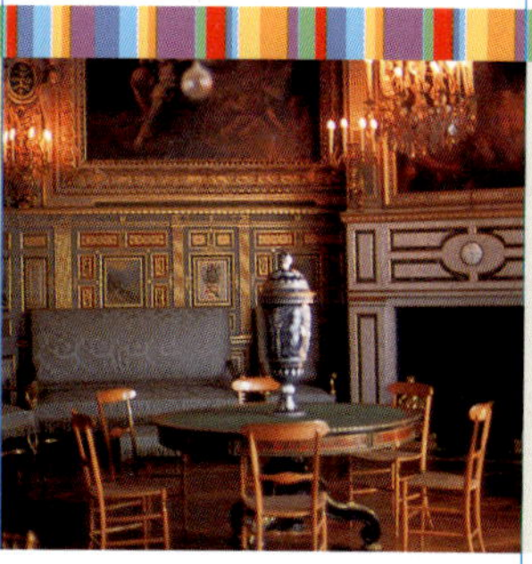

이곳은 양위실이라고도 불리는 데, 나폴레옹이 1814년 4월 16일 이 곳에서 양위를 결정하였다. 이곳의 모든 장식품은 1808년부터 1809년 에 배치된 것으로 모두 황제가 사 용했던 것들이다.

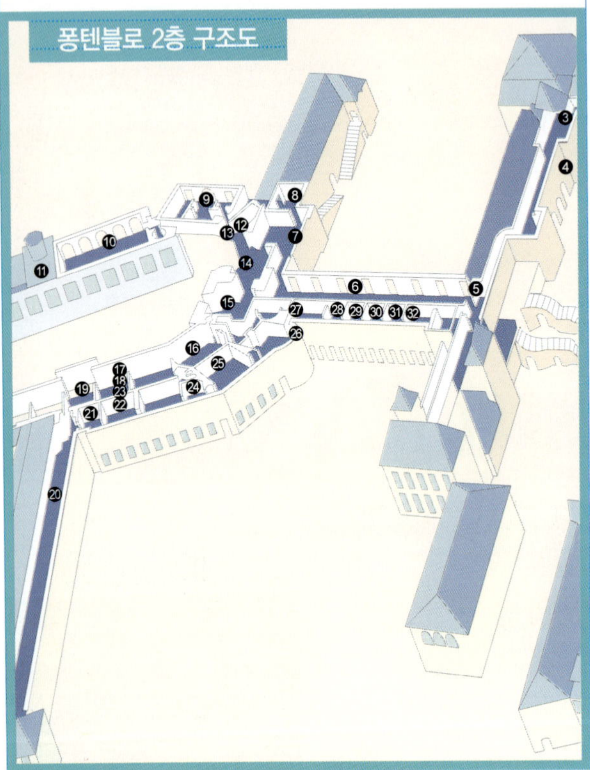

기호설명 ■ 그랑 다빠르뜨망과 르네상스 궁전 ■ 나폴레옹 1세의 방

■ 그랑 다빠르뜨망과 르네상스 궁전

❶ 사각형 대리석 계단
❷ 호화 회랑 접견실
❸ 호화 회랑
❹ 접시 회랑
❺ 페라슈발 바깥 홀
❻ 프랑수아 1세 회랑
❼ 호위실
❽ 루이 15세 객실
❾ 맹트농 부인의 집
❿ 무도회실

⓫ 생사튀르냉 소성당
⓬ 왕의 계단
⓭ 키오스크
⓮ 생 루이 제1홀
⓯ 생 루이 제2홀
⓰ 루이 13세 거실
⓱ 프랑수아 1세 거실
⓲ 태피스트리 거실
⓳ 황후 접견실
⓴ 다이안느 회랑
㉑ 백색 거실

기호설명　■ 나폴레옹 1세 기념관

㉒ 왕비 음악실 또는 황후 대 개실
㉓ 왕비의 방
㉔ 왕비의 작은 거실
㉕ 왕좌의 방
㉖ 회의실

■ 나폴레옹 1세의 방
㉗ 왕의 방
㉘ 왕의 작은 침실
㉙ 왕의 개인 응접실(양위실)
㉚ 왕의 욕실 및 통로

㉛ 왕의 부관 거실
㉜ 왕의 접견실

■ 나폴레옹 1세 기념관
㉝ 1홀 : 나폴레옹 황제와 국왕
㉞ 2홀 : 왕의 식기
㉟ 3홀 : 왕의 선물
㊱ 4홀 : 왕의 출정
㊲ 5홀 : 왕의 일상생활, 마리 루이스
㊳ 7홀 : 로마 국왕

115

베르사이유 궁전

Château de Versailles

베르사이유 궁전은 프랑스 역사상 가장 웅장한 궁전으로 중국의 자금성에 비견된다. 일찍이 모든 영예를 한 몸에 받아왔고, 또한 전복의 운명에도 직면했었다. 이곳에서는 18세기의 예술 걸작인 궁전뿐만 아니라 프랑스 역사의 흔적도 만날 수 있다.

교통정보

◎ **가는 방법**

1. 국철에 해당하는 RER C5선을 타고 베르사이유–리베 고슈(Versaille–River Gauche)역에서 하차한다. 베르사이유 궁전에서 가장 가까운 지하철역이며, 약 30분 정도 걸린다.
2. 파리 몽파르나스(Montparnasse)역에서 기차를 타고 베르사이유–샹티에(Versailes–Chantier)역에서 하차.
3. 파리 생 라자르(Saint Lazare), 라 데팡스(La Défense)역에서 기차를 타고 베르사이유–리베 드루아뜨(Versailes–River Droite)역에서 하차.

◎ **여행자 서비스센터**

🏠 4 Rue des Reservoirs

☎ 33–1–3950–3622

◎ **참관 정보**

🕐 9월 중순~4월 9:00~17:30, 5월~9월 중순 90:00~19:00

🌐 www.chateauversailles.fr

베르사이유의 역사

베르사이유 궁전은 파리 근교에서 가장 유명한 관광 명소인 동시에 프랑스 역사상 가장 호화로운 궁전이다.

1630년 루이 13세는 이곳에 정원이 있는 작은 사냥궁을 만들었다. 그것이 바로 베르사이유 궁전의 전신이다. 하지만 루이 14세야말로 빛나고 광대한 베르사이유 궁전의 진정한 주인이라고 할 수 있다.

1661년 루이 14세는 통치 초기에 작은 사냥궁을 증축하라고 명령하였지만, 그 역시 이 작은 공사가 지금의 베르사이유를 만들게 될지 몰랐다. 당시 젊은 국왕은 정원을 프랑스 최고의 정원사 르노트르(Le Nôtre)에게 설계를 맡기고, 이곳에서 성대한 연회 등을 거행하여 유럽에서 그 이름을 널리 알리도록 하였다.

1668년 국왕은 첫 번째 궁전 증축을 명하였고, 1677년 루이 14세는 황실 및 궁정을 이곳으로 옮기겠다고 결정하였다. 이때문에 엄청난 공사가 본격적으로 시작되었고, 당시 고용한 인부만도 1만 명이 넘었다고 한다. 1682년, 궁정이 베르사이유에 지어졌지만 공사는 여전히 끝나지 않았다.

그중 베르사이유 남쪽과 북쪽의 별관, 그랑 트리아농(GRAND TRIANON) 등의 공사는 전체 건축면적이 5배로 확대되어 50년의 노력을 더한 후에야 완전한 베르사이유 궁전의 모습이 완성되게 되었다.

이 화려한 겉치레와 절대 왕정에 대한 숭상은 1715년 루이 14세의 사망에도 불구하고 거의 변화가 없었다. 루이 15세와 16세가 재위할 당시에도 그들은 선조와 마찬가지로 각종 의식 등을 요구하였다. 이러한 예식들은 비용뿐만 아니라 정신을 소모하는 일이었으나 당시에는 절대왕권을 거역할 방법이 없었다.

이러한 공적 생활의 엄숙함 대신 베르사이유 통치 계층은 정해진 규율과 제약에서 벗어나 아름답고, 즐거운 생활방식을 추구하여 궁전 내에는 작은 방들이 계속 늘어나게 되었으며, 이곳에서 사람들은 음악, 음식, 춤 등의 향락에 빠지게 되었다.

프랑스 대혁명 이후의 베르사이유 궁전은 '인걸은 간데없고 텅 빈 건물만 남은' 모습이었다. 수년 후에 나폴레옹과 루이 16세의 형제들은 궁전 복원공사를 실시하였지만 그 누구도 베르사이유에서 집정하지 못하였고 군주제도 회복시키지 못하였다. 이후 루이 필리프 왕과 각 당파는 협상을 통해 베르사이유를 프랑스 역사를 기념하는 박물관으로 개조하기로 하였다.

- 매일, 3~9월 9:00~18:30
- 자유 참관 :
  그랑 다빠르뜨망(Grand Appartement), 거울의 방, 왕비의 침실(6종류 언어의 오디오 가이드 임대 가능), 프랑스 역사박물관(상시 개방하지 않음)
  1일 티켓 :
  그랑 다빠르뜨망, 그랑/쁘띠 트리아농, 마차 박물관, 정원
- 분수 공연(Grande Eaux Musicale) 4/8~10/7 매주 일요일, 6/10~9/29 매주 토요일. 11:00~12:00 테라스, 15:30~17~:00 정원 및 숲, 17:20~17:30 넵튠의 샘. 기타 음악회, 발레 등의 공연도 있으니 최신 프로그램 목록을 참고하면 된다.
- 베 르 사 이 유 – 리 베 – 고 슈 (Versailles–River–Gauche)역에서 도보로 약 5분
- €15.10(성수기)
  €11.60(비성수기)
- 온라인 티켓 구매, FNAC 서점
- www.chateauversailles.fr

베르사이유 궁전

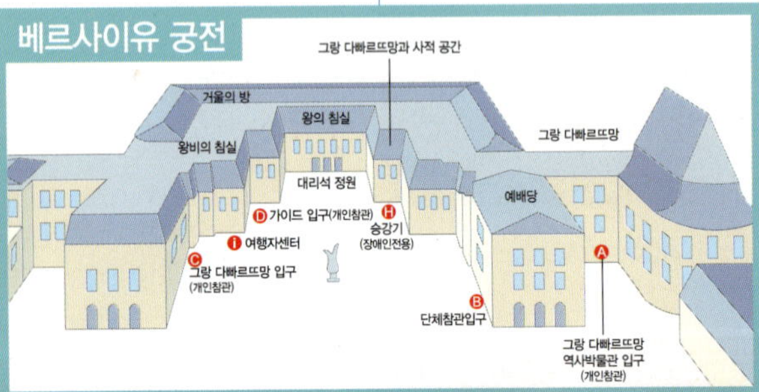

그랑 다빠르뜨망(대접견실)
Grand Appartement

P118

그랑 다빠르뜨망(Grard Appartement)은 국왕이 집무를 위해 신하들과 접견하던 장소였다. 특히 매주 월, 수, 목요일에 이곳에서는 연회가 열렸다. 그랑 다빠르뜨망에는 평화, 전쟁, 아폴론 등의 8개의 방이 있으며, 그중 가장 놀라운 곳은 거울의 방(La Galerie des Glaces)이다. 거울의 방은 그랑 다빠르뜨망, 왕비의 침실과 연결되어 있으며, 17개의 벽면식 유리는 정원을 향하게 하고, 17개는 거울로 만들어 이곳을 금빛 찬란하게 장식하였다.

17세기 이래로 이곳에서는 중요한 회의가 수없이 개최되었으며, 그중 가장 유명한 것은 1919년에 제1차 세계대전의 정전을 위해 이곳에서 체결된 베르사이유 조약이다.

루이 14세의 침실 및 황태자 부부의 침실

Appartement de Louis XIV/ Appartements du Dauphin et de la Dauphine

 P118

왕실이 베르사이유로 옮겨 왔을 때 이곳은 루이 14세가 일상생활을 하는 사적인 장소였다. 국왕 침실은 루이 14세의 절대군주로서의 위엄을 충분히 드러낼 수 있도록 설계되었기 때문에 이곳에서는 반드시 각종 예의법도를 지켜야 했다. 후대에서는 이곳이 개인의 즐거운 사적 공간으로 변하였지만 군주제의 말엽까지 이곳은 절대 군주를 대표하는 곳이었다.

황태자와 황태자비의 방에는 국왕의 가족들이 많이 머물렀었다. 그로 인해 18세기의 모습이 여전히 많이 남아있다. 루이 14세와 루이 15세의 아들도 모두 이곳에서 살았다고 한다.

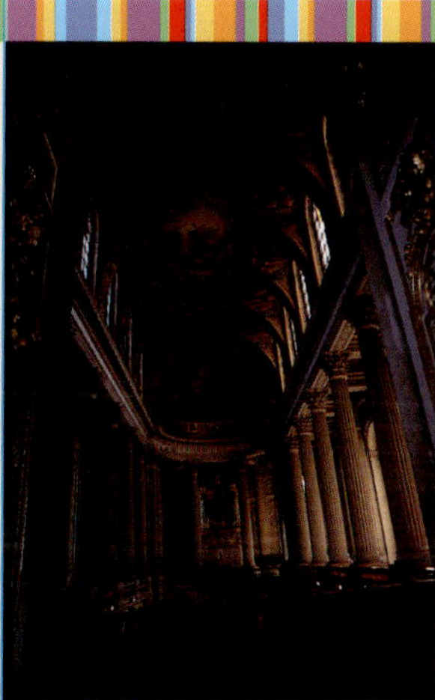

왕실 예배당

La Chapelle

 P118

왕실 예배당은 1710년, 루이 14세가 사망하기 5년 전에 지어진 것으로, 베르사이유 궁전 내의 5번째 예배당이자 독립 구조 방식으로 지어진 유일한 예배당이다. 위층은 국왕 및 왕실가족을 위한 공간이었으며 아래층은 대중 및 신하들이 사용하던 공간이었다. 미사는 궁정생활 중의 가장 중요한 부분이었으며, 1710년부터 1789년까지 이곳에서 왕실 자녀의 세례 및 혼례 등이 거행되었다.

왕비의 침실

Appartement de la Reine

 P118

왕비의 침실(Appartement de la Reine)과 그랑 다빠르뜨망은 서로 대립되는 구조로 18세기에 그 장식이 수차례 바뀐 바 있다. 국왕과는 달리 왕비는 왕비의 침실에서 모든 일을 처리하였다. 낮에는 이곳에서 친구들을 만나고, 밤에는 국왕과 좋은 밤을 보내었다.

마지막 왕비 마리 앙투아네트는 이곳에서 베르사이유 궁전의 마지막 밤을 보냈다. 이곳에는 귀족의 살롱, 대관식의 살롱이 있는데, 그 중 대관식의 살롱에는 1804년 나폴레옹 1세와 조세핀의 대관식 그림(진품은 루브르박물관에 있음)이 걸려 있는 것으로 유명하다.

P120

4〜10월은 7:00〜일몰
11〜3월은 800〜 일몰

무료. 단, 분수쇼가 있을 때는 유료

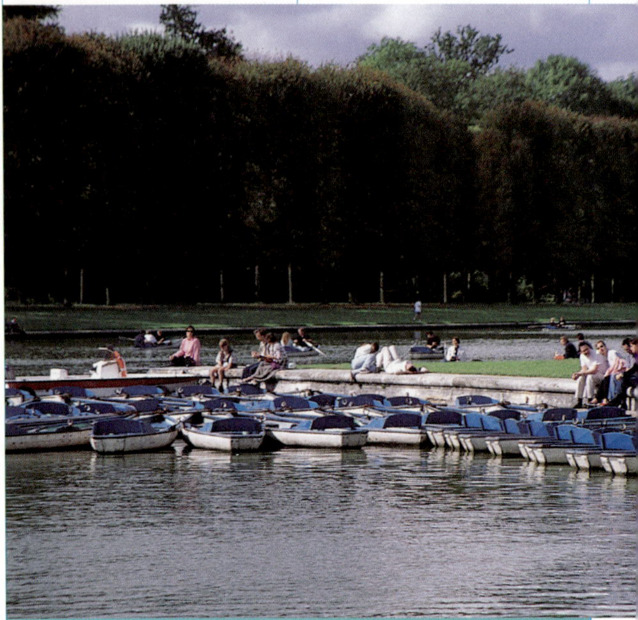

정원(Le Parc)은 베르사이유에 갔을 때 반드시 봐야할 명소 중 하나이다. 이곳에는 분수, 연못, 숲길, 운하 등이 있는데 그중 분수만 32개가 있다. 이 거대한 정원을 천천히 음미하며 구경하려면 적어도 반나절 이상은 소요된다. 날씨가 화창한 날에 이 프랑스식 정원을 거니는 것은 더할 나위 없이 즐거운 일이 될 것이다. 특히 분수 공연을 보고 궁정 음악이 귓가에 들리게 되면 마치 18세기의 베르사이유 궁전에 와있는 듯한 착각에 빠지게 된다.

궁전의 정원을 걸어서 구경하려면 가볍고 편한 신발이 필수적이다. 시간이 된다면 몇 개의 분수를 구경해도 좋다. 이곳을 지나 운하 쪽으로 가면 여러 가지 선택이 기다리고 있다. 운하에서 배를 빌려 타거나, 자전거를 빌려 숲쪽 지역을 구경하는 것이다. 이밖에 이곳에는 간단한 간식을 파는 상점과 레스토랑이 있으니 점심이나 오후의 홍차 한 잔을 즐기는 것도 좋다.

만약 가난한 배낭여행객이라면 운하 옆의 풀밭에서 본인이 준비해온 샌드위치나 빵을 먹어도 된다. 트리아농 별궁의 정원에 다다르게 되면 그랑/쁘띠 트리아농 별궁을 참관할 시간이 있는지 확인하자.

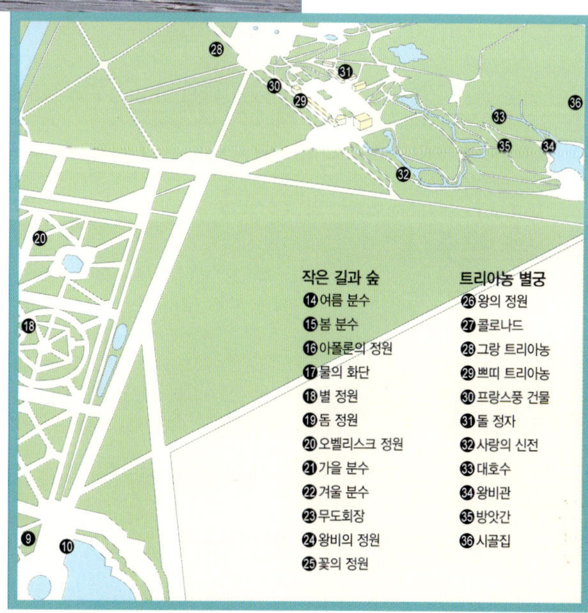

라톤 분수
Bassin de Latone

P120

라톤 분수(Bassin de Latone)는 오비디우스의 《변신이야기》에서 영감을 얻어 조각된 것이다. 라톤 분수는 아폴론과 디아나(아르테미스)의 어머니인 라톤의 신화 전설을 표현하고 있다.

라톤 분수는 처음에는 라톤과 그녀의 아이들이 바위 위에 서있고, 주변에는 물에서 나오려는 듯한 6마리의 개구리, 그리고 24마리의 개구리가 라톤 분수 밖의 풀밭에 흩어져 있는 모습이었다.

하지만 1689년의 대대적인 보수 공사에서 건축가는 대리석으로 바위를 대신하고, 라톤과 그 자녀들을 가장 높은 곳에 두었다. 그리고 두 곳의 화단은 라톤 분수 앞에 두었다.

물의 화단
Parterres d'eau

P120

베르사이유 궁전 앞에 있는 두 개의 연못은 여러 차례의 개축을 거쳐 1685년에 완성되었다. 각 연못에는 4마리의 와상이 있는데 이는 프랑스의 주요 하천을 상징한다. 4명의 미녀와 4명의 어린이 조각상 그 옆에 있다.

물의 화단(Parterres d'eau)은 '맹

수의 싸움'과 두 개의 분수를 포함하고 있으며, 라톤 분수로 가는 계단 양쪽에 위치한다.

아폴론 분수
Bassin d'Apollon

P120

1636년 루이 13세 시절부터 이곳에는 백조 호수라는 연못이 있었다. 루이 14세는 이곳을 확장하고, 금도금한 호화로운 조각상들을 두었다. 연못 중간에는 르브룅의 그림을 참고하여 만든 아폴론 상이 있다.

아폴론 분수(Bassin d'Apollon) 앞에는 그랑 카날(Grand Canal)이 있으며 이 수로의 건설 기간은 장장 11년이 소요되었다. 이곳에서는 많은 수상 기념행사가 거행된다.

넵튠 분수

Bassin de Neptune

P121

넵튠 분수(Bassin de Neptune)는 1679년에서 1681년 사이에 축조되었으며, '전나무 호수'라고도 불린다.

1740년 넵튠의 샘 오른쪽에는 조각이 추가되었는데, 이것이 바로 《넵튠과 빅토리아》, 《바다의 왕》 등의 조각상이다. 이곳에는 99개의 분수가 있으며 분수가 순간적으로 춤을 출 때에는 분수의 성대함과 웅장함이 시선을 사로잡는다.

콜로나드
Colonnade
△ P120

콜로나드(Colonnade)는 1658년

부터 지어지기 시작하여 1679년에 완성되었다. 이곳의 직경은 32m이고, 32개의 이오니아 스타일의 대리석 기둥과, 32개의 랑그도크

무도회장
Bosquet de la Salle de Bal
△ P120

르노트르(Lenôtre)가 1680년부터 1683년까지 지은 이곳은 로코코 양식의 정원이라고 불리운다. 이곳을 장식하는 모래, 바위, 조개껍질 등은 아프리카 마다카스카르로부터 운반해 온 것이다. 졸졸 흐르는 물은 계단을 따라 흘러내리는데, 예전에는 음악가들이 폭포 위에서 연주를 하면, 마주보는 계단에 관중들이 앉아 감상하였다고 한다.

(Languedoc) 대리석 기둥이 서로 마주보며 아케이드와 대리석의 아치 부분을 받치고 있다.

아치 위에는 32개의 화병이 있고, 아케이드 사이의 삼각 부분에는 아이들이 노는 모습의 부조가 새겨져 있다. 아치 부분에는 미녀와 물의 신의 머리가 조각되어 있다.

돔 정원
Bosquet des Domes

● P120

돔 정원(Bosquet des Domes)은 1675년부터 수차례의 수정을 거친 후 각각의 장식에 따라 서로 다른 이름을 갖게 되었다. 1677년부터 1678년까지 당시 연못 중앙에는 나팔을 부는 여신의 조각상이 있었기 때문에 여신의 정원이라고 불렸으며, 1684년부터 1704년까지는 아폴론이 목욕하는 조각상이 있었기 때문에 아폴론의 목욕정원이라고 불

리기도 하였다.

지금의 돔 정원이라는 이름은 1677년에 이곳에 두 개의 대리석 돔이 있는 정자가 있었기 때문이다. 정자는 이미 1820년에 훼손되어 지금은 존재하지 않는다.

그랑 트리아농
Grand Trianon

P121

그랑 다빠르뜨망에서 도보 20분. 정원 입구에서 별도의 요금을 내고 미니 열차, 또는 마차를 탄다.

4~10월 12:00~18:30
11~3월 12:00~17:30

€5~18세 이하는 무료

베르사이유의 그랑 다빠르뜨망에서 그랑 트리아농(Grand Trianon)까지는 도보로 약 20분 정도 소요된다. 날씨가 맑은 날에는 천천히 정원을 걷는 것도 기분이 상쾌해지는 일이다.

그랑 트리아농은 1670년에 루이 14세가 건축사 르 보에에게 트리아농 마을에 '도자기로 된 트리아농 별궁'을 만들라고 지시하면서 건축되었다. 벽은 모두 청백색의 유약을 사용한 도자기 타일로 장식되었는데 1687년에 훼손되었다. 이듬해 지금 볼 수 있는 그랑 트리아농 별궁이 새로 지어졌으며 이곳에서는 궁정에서 개최하는 음악회를 비롯하여 경축 행사 등이 열리기도 하였다. 이곳은 루이 14세와 궁정부인의 개인 별궁이기도 하다.

그랑 트리아농은 비록 그랑 다빠르뜨망만큼 화려하지는 않더라도 왕과 왕비의 침실, 거울의 방, 접견

실, 공작석의 방, 콜로나드, 정원의 방, 예배당 등이 있으며, 바깥에도 큰 정원이 있어 각양각색의 화초들을 심어놓았다.

그랑 트리아농에서 사람들이 가장 감탄하는 곳은 정원 맞은편의 콜로나드이다. 이곳은 루이 14세가 아주 좋아했던 곳으로 여기에서 밤참이나 간식 등을 먹었다고 한다.

쁘띠 트리아농
Petit Trianon

P121

쁘띠 트리아농(Petit Trianon)은 1762년부터 1768년 사이에 지어졌으며, 루이 15세가 퐁파두르 부인에게 사용하도록 준 별궁이다. 1768년에는 식물원, 동물원, 프랑스풍 건물 등이 증축되었다.

1774년에 루이 16세는 집징 초해년에 쁘띠 트리아농을 그녀의 아내인 마리 앙투아네트에게 선물로 주고 궁정과 멀리 떨어진 이곳에서 조용한 생활을 즐기고자 하였다. 이곳은 마리 앙투아네트가 가장 좋아하는 곳이 되었으며, 쁘띠 트리아농에는 마리 앙투아네트의 흔적이 곳곳에 남게 되었다.

그녀는 이곳에서 머무는 동안에 일부 정원을 영국식 정원과 시골 마을로 바꿔 놓았다. 시골 마을에는 12개의 시골집이 있으며, 외관으로는 가난한 농부의 집인 것처럼 보이지만 내부는 화려하게 장식되어 있다.

덧붙여 마리 앙투아네트는 연극에서 역할을 맡아 공연하는 것을 좋아했기 때문에 1778년에는 극장도 추가로 개축되었다.

쁘띠 트리아농에는 대형, 소형 식당과 집회 살롱, 접견실 등 10개의 방이 있지만, 정원과 극장 등이 가장 볼 만하다

샤르트르

Chartres

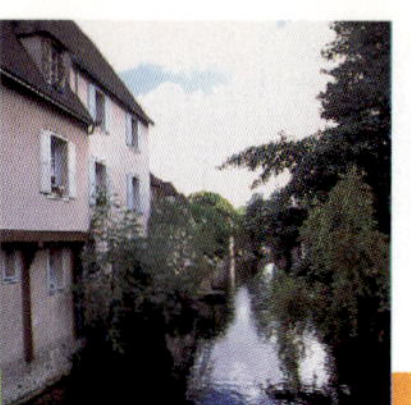

샤르트르는 파리 남서쪽 92km에 위치한 중세시대의 흔적을 가진 작은 도시이다. 샤르트르에서 가장 이목을 끄는 곳은 샤르트르 대성당(Cathédrale de Chartres)이며, 이 성당은 1134년부터 1260년까지 지어진 교회로 유럽 고딕 양식의 총체라고 할 수 있다. 노트르담 성당에는 172개의 화려한 스테인드글라스가 양호하게 잘 보존되어 있고, 유엔 유네스코 세계문화유산으로 지정되어 있다

교통정보

◎ **가는 방법**

파리 몽파르나스(Montparnasse)역에서 샤르트르(Chartres)방향의 기차를 타면 된다. 매일 수십 번의 운행열차가 있으며, 약 50분 정도가 소요된다.

◎ **여행자 서비스센터**

🏠 Place de la Cathedrale – 28000 Chartres

📞 33–2–3718–2626

🕐 4~9월 월~토 9:00~19:00, 공휴일 9:30~17:30.
10~3월 월~토 10:00~18:00, 공휴일 10:00~13:00, 14:30~16:30

🌐 www.chartres.fr

샤르트르 소개

샤르트르의 구시가지는 빌 오뜨(Ville Haute)와 빌 바스(Ville Basse) 두 지역으로 구분되며, 프랑스의 고도(古都)로 우선적으로 보호하고 있는 지역이다. 면적은 60아르 정도 된다. 구시가지를 천천히 걷다 보면 곳곳에서 16세기부터 보전된 집과 계단을 쉽사리 볼 수 있어, 공기 중에도 중세시대 소도시의 냄새를 은은하게 맡을 수 있는 듯하다. 마치 타임머신을 타고 과거로 돌아간 느낌이다.

샤르트르 대성당 뒤쪽의 산비탈을 따라 아래로 내려오면 빌 바스에 도착하게 되고, 이 두 지역은 생-니콜라 언덕으로 연결된다. 중세 시대에 이 언덕은 양 지역의 상업, 무역을 잇는 중요한 통로였으며, 아래에는 지하수로가 있어 외르강의 물을 빌 오뜨까지 끌어다 사용하였다.

P128B1

길이 130m의 샤르트르 대성당
(Cathédrale de Chartres)은 서양

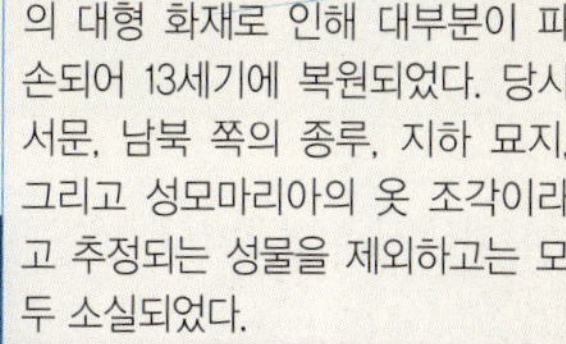

문명에서 손꼽히는 대표적인 대형 건축물이다. 11세기에 로마네스크 양식으로 지어진 이 성당은 1194년의 대형 화재로 인해 대부분이 파손되어 13세기에 복원되었다. 당시 서문, 남북 쪽의 종루, 지하 묘지, 그리고 성모마리아의 옷 조각이라고 추정되는 성물을 제외하고는 모두 소실되었다.

상층의 스테인드글라스가 워낙에 높은 곳에 위치하고 있기 때문에 이를 자세히 보기 위해서는 망원경을 이용해야 잘 감상할 수 있다.

명소

지하 묘지
Crypt

P128B1

길이 110m의 로마네스크 토굴은 1020년부터 1024년 동안에 지어진 프랑스 최대의 지하 묘지로, 초기에는 순교자들의 휴식 장소였다. 가이드를 대동한 경우에만 관람 가능하며 둘러보는데 약 30분 정도 소요된다.

왕의 문
Portail Royal de Chartres

P128B1

왕의 문(Portail Royal de Chartres)은 대성당의 3개의 문 중에서 화재 중에 남은 것이다. 이 문에는 3개의 입구가 있는데, 그 주변에 새겨진 조각 기둥, 조각 장식 등은 전형적인 로마네스크 양식이며, 구약 성경에 나오는 인물들을 대표하고 있다.

🔺 P128B1

대성당 안에 있는 176개의 스테인드글라스는 대부분 13세기부터 보존되어 전해지는 것이다. 그중 4개는 유럽 중세시대인 12세기의 가장 중요한 스테인드글라스 작품이라고 해도 손색없다.

중세시대의 성당은 원래 조각, 회화 등으로 벽을 장식했었다. 12~13세기에 이르러 한 주교가 교회 안으로 들어오는 빛을 보고, 성모 마리아와 예수, 성경, 그리고 대자연의 빛 등을 결합한 스테인드글라스를 만들었다.

프랑스 대혁명 시기에 8개의 유리가 파손되었기 때문에 두 차례의 세계대전 당시에는 이 유리들을 떼었다가 전쟁이 끝날 때까지 잘 보관하여 다시 끼워 넣는 등의 자구책을 실시했다고 한다.

스테인드글라스의 단면도

생테티엔느의 생애
Histoire de St Étienne

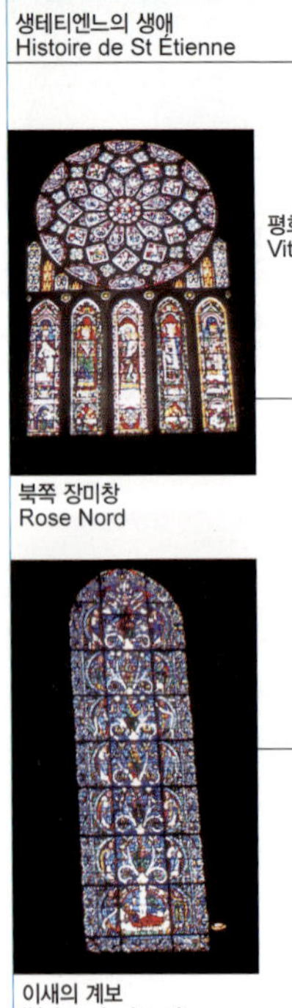

북쪽 장미창
Rose Nord

이새의 계보
l'Arbre de Jessé

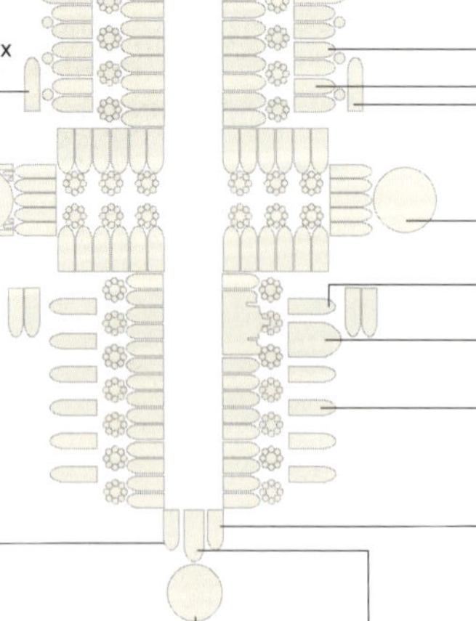

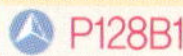

남문
Portail sud

P128B1

남문(Portail Sud)은 13세기에 재건된 것으로, 문에는 예수와 그의 제자들의 고난, 믿음, 최후의 심판 등의 내용이 조각되어 있다.

높이 115m의 종탑은 북탑(Clocher Nord)이라고도 하는데, 아름다운 조각을 가진 70m 높이의 테라스와 고딕 첨탑(Clocher Gothique)은 1507년부터 1513년까지 지어졌다. 이곳에서는 샤르트르 및 근교의 전망을 모두 볼 수 있다.

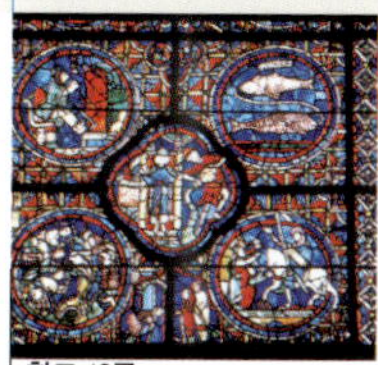

황도 12궁
Les Signes du Zodiaque

생퓔베르의 생애
Histoire de St Fulbert

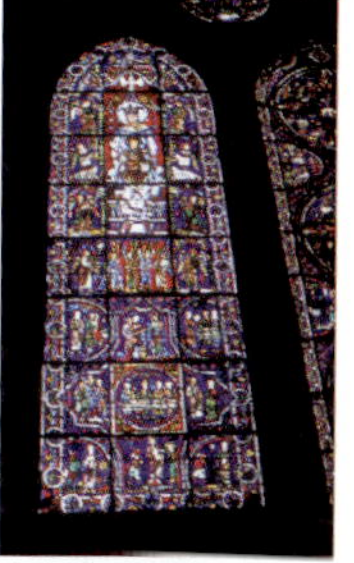

남색 성모 유리창
Notre-Dame de la
Belle Verrière

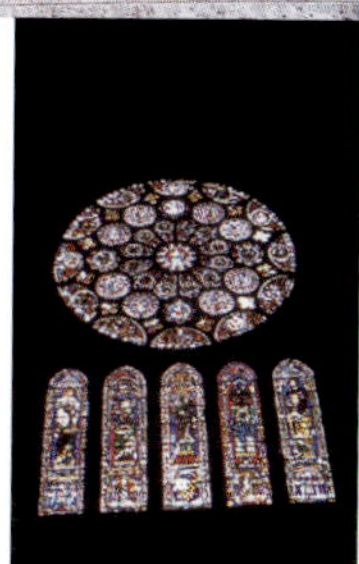

남쪽 장미창
La Rose Sud

마리아의 기적
Miracles de Notre Dame

착한 사마리아인
Parabole du Bon Samaritain

예수의 수난과 부활
Histoire de la Passion et
de la Résurrectiton

방돔 예배당의 창
de la Chapelle
Vendomeôme

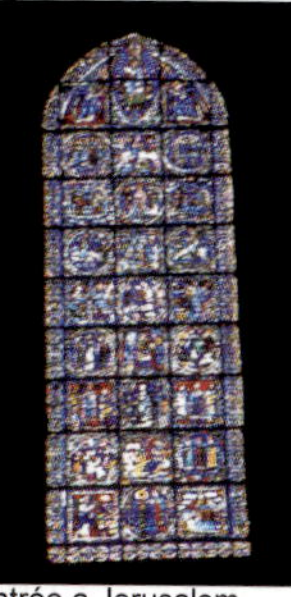

예수 강림 De l'Annonciation a l'entrée a Jerusalem

샹티이

Chantilly

샹티이는 프랑스의 가장 중요한 기마 훈련지인 동시에 샹티이 성 역시 많은 관광객들이 찾아오는 주요 관광 명소이다.

교통정보

◎ **가는 방법**

파리 북역(Paris–Nord)에서 기차를 타고 약 30분 정도 가거나, 파리 리옹역(Gare de Lyon), 북역(Gare du Nord), 데 알(Des Halles)역에서 RER D선을 타고 45분 정도 가면 도착.

◎ **여행자 서비스센터**

🏠 23 AV. Du Marechal Joffre

📞 33-3-4457-0850

🕐 9월 중순~4월 9:00~17:30, 5~9월 중순 9:00~19:00

🌐 www.ville-chantilly.fr

샹티이
대운하
A
B
Chemin du Canal Saint-Jean
영국화원
Rue Des Cascades
생 베드로 교회 Eglise ST-Peter's
1
Rue du Connetable
말 박물관
Musée Vivant de Cheval
Rue D'Aumale
옛 시청건물
Ancienne Mairie
샹티이 성
Château de Chantilly
옛 우정빌딩
Ancienne Poste
시청
우체국
Liberation M. Schuman
경마장
Rue D'ongement
Avenue de Marechal
2
기차역
Rue Des Otages
Bois Bourillon
샹티이 숲
Forêt de Chantilly
A
B
기호
설명
관광명소
교회
성곽
박물관
기차역
여행자센터
기차역에서 성까지의 보행노선
건물
우체국

샹티이 소개

파리에서 북쪽으로 48km 떨어진 곳에 자리 잡은 샹티이는 상류층의 사람들이 사랑했던 우아한 도시이다. 1830년, 일부 상류사회의 기사들이 이곳에 몰려오면서 샹티이는 파리 인근 순종 말들의 경마장이 되었다. 지금도 이곳의 경마장은 매년 정기적으로 프랑스 경마대회를 개최하고 있으며, Prix du Jockey Club, Prix de Diane-Hermes 등의 경마 대회도 열리고 있다. 또한 샹티이 성 안에는 수많은 회화 걸작품을 비롯하여 프랑스 최고의 정원이 있어 많은 관광객들이 몰리고 있다.

샹티이 성과 말 박물관은 모두 샹티이의 동쪽에 위치하고 있으며, 기차역에서 약 2km 떨어져 있다. 기차역에서 나오면 바로 여행자 서비스센터가 있다. 성으로 가는 가장 직접적인 길은 샹티이 숲(Forêt de Chantilly)을 통과하는 것이다. 여행자 서비스 센터에서 지도를 얻고, 직원에게 물어보면 어렵지 않게 길을 찾아갈 수 있다. 샹티이 숲은 황실 가족의 사냥터로, 면적은 63㎢ 정도 된다. 날씨가 좋을 경우에는 숲을 천천히 거닐면서 맑은

말 박물관
Musée Vivant du Cheval

P134B1

성 맞은편에 위치하며, 성에서 5분이면 도착한다. 기차역에서는 15분 정도 소요된다.

33-3-4457-4040

4~9월
10:30~17:30(주말에는 18:00까지)
5~6월
화요일 10:30~17:30
7~8월
화요일 14:00~17:30
11~3월 월요일~금요일
14:00~17:00 (매주 화요일 휴관)
토, 일, 공휴일 10:30~17:30

www.musee-vivant-du-cheval.fr

웅장한 외관의 말 박물관(Musée Vivant de Cheval)은 1719년에서 1740년 사이에 건립되었다. 원래는 240마리의 말과 500여 마리의 사냥개를 사육하기 위해 설립한 마구간(Grandes Ecuries)이었다. 부르봉 콩데 루이 앙리(Prince Louis-Henri de Bourbon-Conde) 왕자가 자신이 내세에 말이 될 것이라며 건축가를 시켜 지은 것이라고 한다. 이곳은 세계에서 가장 아름다운 마구간으로 평가받고 있다.

1830년 부르봉 왕조 시기의 공작

공기를 마셔보자. 어떤 때에는 이 곳에서 승마 연습을 하는 마을 주 민을 만날 수도 있다. 성과 말 박물 관을 구경하는데 적어도 반나절 이 상의 시간이 소요되기 때문에 파리 에서 당일 여행코스로 선택하기 적 합하다.

은 유서에서 샹티이를 그의 조카 이자, 루이 필리프 왕의 넷째 아들 인 오마르 공작(Duc d'Aumale)에게 넘겨주었고, 1886년 오마르 공작은 이 성을 프랑스 학사원(Institut de France)에 기증하여 이곳이 잘 보 존되도록 하였다. 1982년, 당시 프 랑스 최연소 기수였던 이브 비에넴 므(Yve Bienaime)는 이곳에 말 박 물관을 설립하였다.

말 박물관에서 가장 눈부신 것은 마술(馬術)이며, 이곳에는 31개의 크고 작은 방이 있어 다양한 말의 종류, 마구, 말 그림, 마차 등을 전 시하고 있다. 말에 관심이 없더라 도 아주 흥미로울 것이다.

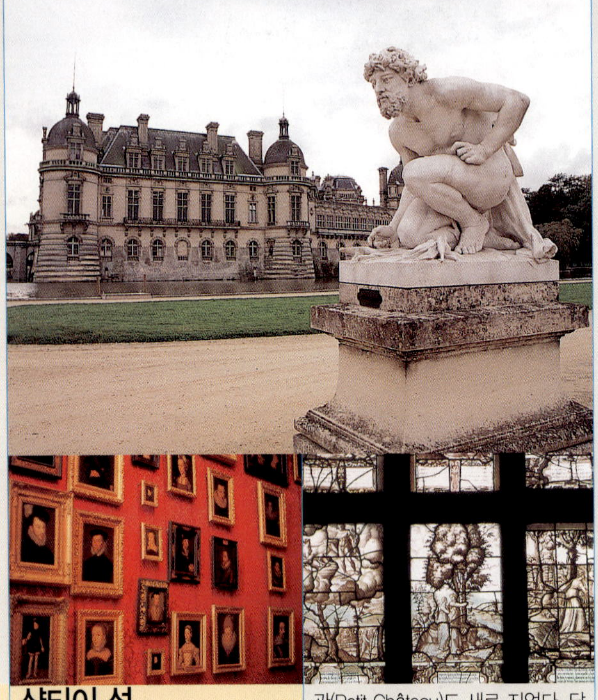

샹티이 성
Château de Chantilly

P138B1

기차역에서 도보 약 20분

33-3-4462-6262

3~9월 10:00~18:00
11~2월 10:30~12:45,
14:00~17:00

화요일

샹티이 성(Château de Chantilly)에 대한 기록은 중세 시대로 거슬러 올라간다. 10~14세기의 샹티이 성은 부티에 가족의 영토였으며, 그 규모 역시 지금과 비교되지 않을 만큼 컸다.

1358년 샹티이 성은 찰리 5세 당시의 수상 피에르(Pierre d'Orgemount)에게 팔렸고, 그 후 성 주인은 여러 차례 바뀌었다. 1560년 안느 드 몽모랑시(Anne de Montmorency)원수는 대성관(Grand Château)을 증축하고, 르네상스 색채가 농후한 소성관(Petit Château)도 새로 지었다. 당시의 소성관과 대성관은 운하로 나뉘어 있다가 19세기에 이르러 증축을 통해 간접적으로 연결되었다.

후세 자손들도 꾸준히 성과 방을 개축하였는데, 콩데 가문의 통치 시기에 이르러 르노트르(Andre Le nôtre, 그는 후에 베르사이유 궁전의 정원을 만들었다.)에게 프랑스풍의 정원과 분수, 대운하를 만들게 하였다. 이때부터 이곳은 콩데 가문의 연회, 무도회를 여는 장소가 되었다.

불행하게도 프랑스 대혁명 시기에 샹티이 성의 소장품들은 압수되거나 루브르 박물관으로 옮겨지게 되었고, 성 자체도 감옥으로 전락하여 많은 훼손을 입었다. 하지만 전쟁 후에 다시 신속히 복원하여 다시 상류 인사들이 수렵 연회를 여는 장소가 되었었다.

지베르니

Giverny

파리의 북서쪽에 위치한 지베르니는 원래 아무도 주목하지 않았던 작은 시골마을이었다. 하지만 19세기의 프랑스 인상파 거장 모네 (Claude Monet)가 이곳에서 일련의 명화들을 창작해내면서 지베르니 는 인기 관광지가 되었다.

교통정보

◎ 가는 방법

파리 생 라자르역(Gare St-Lazare)에서 루앙(Rouen)으로 가는 기차를 타 고, 베르농(Vernon)역에서 하차한다. 매일 4~5 차례의 운행기차가 있으 며, 휴일 및 여름에는 더 많아진다. 운행시간은 50분이다. 베르농 역에서 오른쪽으로 가면 151번(Ligne 151) 버스정류장이 있다. 이 버스는 지베르 니의 모네의 정원 입구까지 바로 간다. 매일 15~20분마다 셔틀 버스가 있으며 10분 정도 소요된다. 파리와 베르농 간에 교통수단이 많지 않으니 버스 출발 시간을 잘 확인하도록 한다.

지베르니는 센 강이 합류되는 곳에 위치하기 때문에 연못과 하천이 끊임없이 이어져 있다. 1883년 봄, 43세의 화가 모네는 베르농에서 출발하는 기차를 탔다가 우연히 지베르니라는 작은 마을을 발견하게 되었다. 이곳이 아주 마음에 들었던 모네는 집 하나를 빌려 수리에 들어갔다.

지베르니는 당시 소박한 마을이었는데, 주민들은 이 훤칠하고 세련된 도시 화가를 상당히 좋아하지 않았다고 한다. 마을 사람들의 생각에 화가라는 것은 직업으로 칠 수도 없었기 때문에 모네를 그저 한량으로 여겼을 뿐이었다. 또한 대화에 능하지 않았던 모네는 어떻게 하면 이웃들과 화목하게 잘 지내는지에 대해 몰랐다.

그래서 모네가 들에서 그림을 그리려고 하면, 마을 사람들은 온갖 방법을 동원하여 그를 방해했다고 한다. 하지만 이러한 일들도 모네의 지베르니에 대한 사랑을 바꾸지는 못했다. 그는 마을 사람들과 되도록 마주치지 않고, 온통 정원과 창작에만 신경을 쏟았다고 한다. 모네의 고집으로 오늘날 우리들은 《아름다운 수련》 등의 작품을 감상할 수 있게 되었다.

명소

클로드 모네의 정원
Maison et Jardin de Claude Monet

모네는 그가 원하는 정원을 얻기 위해 그의 후원자들이 빌려준 돈을 지베르니의 집을 사는데 아낌없이 사용하였다. 그는 프랑스식 정원의 대칭 개념을 완전히 버리고, 꽃과 나무가 자연스럽게 자라는 정원을 설계하였다. 다양한 꽃을 심어 아름다운 정원을 준비하고, 수련 연작을 위해 곡물창고를 그의 작업실로 개축하였다.

현재의 모네의 정원은 두 부분으로 나뉜다. 입구에 들어가면 가장 먼저 모네의 집(Maison de Monet)이 나오고, 지하도를 지나면 맞은편에 물의 정원(Le Jardin d'eau)이 있다. 바로 이곳이 연작 《수련》의 창작지이다.

하지만 아름다운 연못은 습기가 많아 원래의 목조 가옥과 가구들을 못쓰게 만들어버렸다. 후에 모네 기금회는 이를 대대적으로 수리하여 원래의 모습을 회복하였다.

모네는 1871년부터 일본의 판화를 수집하기 시작하여 모네의 집에서는 적잖은 일본화를 발견할 수 있다. 담황색 계열의 식당, 푸른색으로 꾸며진 서재 등에서도 19세기의 판화를 감상할 수 있다.

모네의 집
Maison de Claude Monet

모네의 집은 1층의 거실, 주방, 식당, 서재 등과 2층의 모네 부부의 침실 등으로 구성되어 있다.

모네는 1883년에 지베르니로 이주하여 1926년에 사망할 때까지 계속 이곳에서 살았다. 침실의 가구는 모두 당시 모네가 사용하던 것들이다. 18세기의 그림을 끼워 넣은 정교한 책상은 모네의 집에서 반드시 봐야할 가구이다.

벽에는 모네가 지베르니에 있는 동안  에 그린 그림들이 적잖게 걸려 있는데, 그중에는 그의 친구인 르누아르(Renoir), 세잔느(Cézanne)가 보낸 그림들도 있다. 현재 모네의 집에 걸려있는 그림들은 복제품이며, 진품은 당시 상상하지도 못했을 엄청난 가치를 지닌다.

물의 정원
Le Jardin d'Eau

지베르니에 거주하는 동안 모네는 매일 아침 5시경에 일어나서 정원을 산책했다. 그러는 동안 그림의 주제를 찾고, 빛과 색깔의 변화, 관계를 관찰하였다. 모네는 점차 구조, 물체의 형상을 버리게 되었는데, 이로 인해 종종 사람들은 그의 그림이 도대체 무엇을 그린 것인지 알아볼 수 없게 되었다.

모네가 지베르니에 있는 동안에 인상파 작품 중의 하이라이트라고 하는 연작을 창작하였다. 《건초더미(Meules)》, 《루앙 대성당(Cathédrale de Rouen)》부터 《수련(Nymphéas)》 등이 유명하다. 이러한 연작 작품은 동일 주제에 각기 다른 빛에 따른 변화를 그린 것이다. 하지만 모네는 이를 위해 같은 자리에서 장시간 동안 작업을 해야 했고, 이로 인해 정신적, 육체적 소모가 매우 컸다.

수련 연작 작품을 시작할 당시 모네는 이미 60세를 넘긴 노인이었다. 연로한 신체는 그의 말년의 작품들을 갈수록 추상적으로 만들었다. 가장 아름다운 빛을 표현하기 위해 《수련》은 여러 번 수정과 덧칠을 거쳤다. 1916년 모네는 곡물창고를 작업실로 만들었는데 그곳이 역사에 이름을 남긴 '수련 작업실'이다. 지금은 기념품 상점으로 쓰이고 있다.

몽 생 미셸

Mont Saint Michel

교통정보

◎ 가는 방법

파리 몽파르나스(Montparnass)역과 생 라자르(Saint Lazare)역에 퐁토르송(Pontorson) 행 기차가 있다. 여행 일정이 촉박한 여행객은 파리의 몽파르나스역에서 6:45출발 TGV를 타면 렌느(Rennes)를 지나 퐁토르송에 도착하게 된다. 이곳에서 버스를 타고 몽생미셸에 가면 당일치기 여행이 가능하다. 돌아올 때에는 19:00편 기차를 타고 렌느를 거쳐 파리로 돌아오면 약 22:50 정도가 된다. (TGV는 사전예약 필수)

몽생 미셸은 멀리서 보면 마치 외로운 섬과 웅장한 성처럼 보이지만, 사실 중세시대에 이곳에 수도원을 지으면서 아주 중요한 성지순례의 장소가 되었다.

특히 이곳은 간만의 차이가 큰 것으로 유명한데, 만조 때가 되면 주변의 모래톱은 순식간에 넘실대는 바다로 변하게 된다. 만조가 큰 시기는 만월, 그믐의 36~48시간 이후로 아주 장관이다.

몽 생 미셸 관람도
(Mont Saint Michel)

노르망디에 위치한 몽 생 미셸은 줄곧 종교적 색채가 강한 성지였다. 하지만 지금은 이곳의 관광 가치가 종교적 의미보다 결코 낮다고 할 수 없다. 언제나 옅은 안개 속에 숨어있는 몽 생 미셸은 몸을 숨겼다 드러냈다 하면서 그 신비한 분위기로 관광객들을 유혹하고 있다.

처음 이곳을 찾은 여행객은 자신도 모르게 탄성을 내지르고 갑자기 숙연해지는 경외감까지 느끼게 될 것이다.

관광객들이 몽 생 미셸을 찾는 주요 목적은 중세기 수도원과 그를 둘러싼 바위산, 성벽 등을 관광하기 위해서이다. 또 몽 생 미셸에 왔다면 몇 채의 인가만이 존재하는 마을도 빼놓지 말고 들러보자. 몽 생 미셸의 고풍적인 분위기를 체험할 수 있을 것이다. 안 좋은 점이 있다면, 숙박시설이 충분하지 않아 가격도 상당히 비싼 편이다. 그래

몽 생 미셸 수도원
Abbaye du Mont St-Michel

P148

관광객들은 24개의 방을 참관할 수 있다. 여기에 훌륭한 음향과 조명이 갖추어진 공연까지 곁들인다

면 또 다른 잊지못할 추억이 될 것이다.

여름에는 몽 생 미셸에 밤늦게까지 불을 켜놓아 아름다운 야경을 즐길 수 있다. 야경을 감상하고자 한다면 몽 생 미셸 내의 여관에서 숙박을 해야 한다.

서 일반적으로 주변 마을에 숙소를 구해놓고 당일치기로 몽 생 미셸을 여행하는 경우가 대부분이다.

신화에 따르면 몽 생 미셸은 원래 죽은 영혼의 안식처이자 바다 위의 묘지였다고 한다. 몽 생 미셸의 유래는 708년 아브랑슈(Avranches)의 오베르 주교(Bishop Aubert)의 꿈에 대천사 미카엘(Saint Michel)이 나타나 바위산에 자신의 이름으로 된 성당을 지으라고 부탁한 것에서 비롯되었다고 한다.

서기 966년에 노르망디공 리처드 1세는 이곳에 베네딕토회 수도원(The Benedictines)을 지었는데, 당시 전쟁이 끊임없이 발발했기 때문에 방어적 군사 기능도 담당하였다.

수도원은 수세기에 걸쳐 증축, 개축되었고, 주변의 절벽과 바다는 천연의 요새가 되었다. 몽 생 미셸은 역사상 난공불락의 요새가 되어 15세기의 영국과 프랑스의 백년전쟁과 16세기의 종교전쟁에서도 꿋꿋이 서있었다.

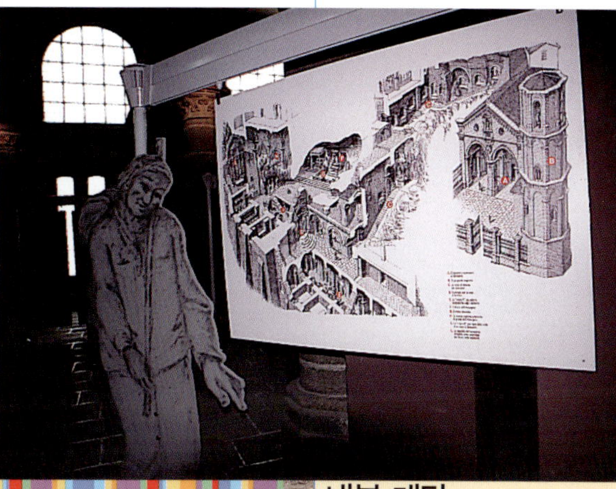

내부 계단
Cérémonial Escalier

내부 계단은 수도원으로 통하는 통로로, 중세 시대에 중요한 신분의 사람이 성이나 수도원에 들어가고자 할 때 반드시 치러야할 일종의 의식이었다. '입문(入門)' 의식은 사회 계급제도를 반영하는 방식으로, 엄숙한 분위기를 조성하여 '입문자'에게 존경심을 유발했다. 계단은 방어의 역할도 담당하였는데, 수도원을 공격하는 자들은 반드시 이곳을 통과해야 했다. 계단 양쪽의 높은 벽 사이에는 참호가 있어 수도사와 병사들은 이 참호를 이용하여 수도원과 돌다리를 방어할 수 있었다. 이 돌다리는 15세기에 지어졌으며, 주로 군사적 용도로 쓰였다.

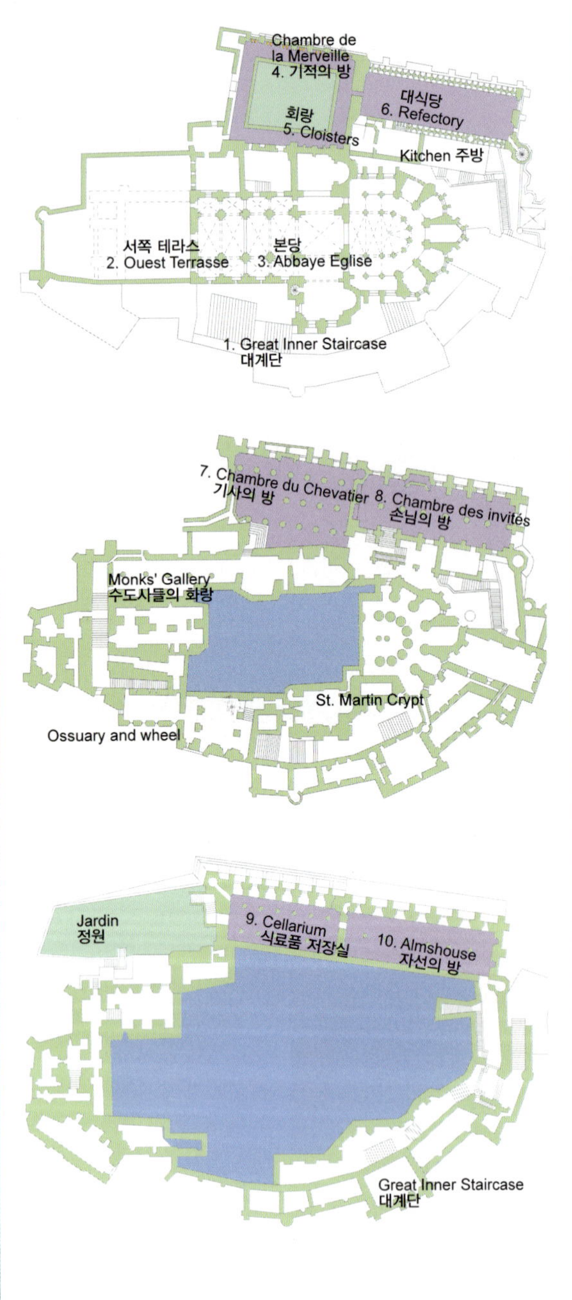
Chambre de la Merveille
4. 기적의 방
대식당
6. Refectory
회랑
5. Cloisters
Kitchen 주방
서쪽 테라스
2. Ouest Terrasse
본당
3. Abbaye Eglise
1. Great Inner Staircase
대계단
7. Chambre du Chevatier
기사의 방
8. Chambre des invités
손님의 방
Monks' Gallery
수도사들의 화랑
St. Martin Crypt
Ossuary and wheel
Jardin
정원
9. Cellarium
식료품 저장실
10. Almshouse
자선의 방
Great Inner Staircase
대계단

서쪽 테라스
Ouest Terrasse

이곳은 수도원 예배당의 홀과 마주보는 넓은 테라스이다. 예배당 정면의 신고전주의 양식의 문은 1780년에 만들어졌고, 이곳에서는 만(灣)의 모든 지역을 잘 살펴 볼 수 있다. 멀리 통블렌느(Tombelaine) 섬에서 몽 생 미셸의 성벽까지 전부 시야에 뚜렷이 들어온다. 동시에 테라스의 높은 곳에서 위를 바라보면 1897년에 축조된 신고딕 양식의 종루와 금동을 입힌 대천사 미카엘의 조각상을 볼 수 있다.

예배당
Abbaye Eglise

예배당은 11세기에 지어진 그대로 보전되다가 일부 특수 상황으로 인해 몇 차례 개보수가 이루어졌다. 예배당의 주 건물은 몽 생 미셸의 바위산 꼭대기에 세워져 있으며, 4개의 지하 동굴과 예배당의 네 면을 지탱하고 있는 다리 등이 포함된다. 예배당 홀의 정면은 전형적인 로마 스타일로 내부의 로마식 제단은 1421년에 무너졌다가 1446년, 1521년의 개축으로 고딕 스타일로 변하게 되었다. 이곳의 수도사들은 매일 2시간씩 예배당 홀에서 열리는 기도의식에 참가하니 흥미가 있다면 가서 볼 수 있다.

기적의 방
Chambre de la Merveille

기적의 방은 고딕 양식으로 지어진 3층짜리 수도원 건물이며, 수도원 내의 고딕 양식 건축물의 일부분이다. 13세기 예배당이 훼손되었을 때 로마식 수도원의 부족한 부분을 채우기 위해 지어졌다. 기적의 방이 3층으로 지어진 것은 당시 수도원의 계급제도를 반영하고 있는 것이다. 가장 높은 층인 3층은 수도사들의 생활공간이며, 2층은 부유하거나 영향력 있는 귀빈 및 신도를 접대하는 곳이었다. 1층은 사회적 지위가 비교적 낮거나 혹은 가난한 순례자들이 머무르는 곳이었다.

기사의 방
Chambre du Chevalier

기사의 방은 부유한 순례자들을 접대하기 위한 방이다. 원래는 수도사들이 성경을 필사하는 장소였으나 프랑스 국왕 루이 11세 당시 생 미셸 기사단을 창설한 이후 이

수도사 거주구역
Cloître

서로 교차된 기둥이 가득 늘어선 수도사 거주구역은 기적의 방의 최상층에 있다. 13세기 초에 세워진 수도사 거주구역은 수도사들이 평소에 운동을 하거나, 대화, 명상을 하던 장소로 수도사들만이 이곳에

곳의 이름을 기사의 방으로 바꾸었
다. 방안에는 천장부터 이어진 화
로가 있는데, 이는 난방을 위한 것
이었다. 홀은 태피스트리(실로 그림
을 짜 넣은 벽걸이 융단)를 이용하
여 여러 방으로 나뉘어졌고, 순례
자들이 수도사를 방해하지 않고 예
배당 밖으로 나가는데 사용되었던
비밀통로가 있다.

접견실
Chambre des invités

이곳은 명망 있거나 부유한 순례
자가 수도원의 원장과 함께 식사하
는 공간이다. 양쪽의 길에는 테이
블을 놓았고, 두 개의 화로에 음식
을 준비하였다. 고상한 천장과 정
교한 원기둥, 스테인드글라스 등은
이곳의 화려한 과거를 어렵잖게 상
상할 수 있도록 한다. 이 접견실은
당시 가장 화려하게 치장되었던 곳
이라고 한다.

들어갈 수 있었다.
동시에 수도사들이 식당, 주방,
예배당, 숙소 및 기타 저층에 있는
곳으로 이동할 때의 통로이기도 하
다. 기둥 위쪽에는 정교한 도안이
새겨져 있으니 이동하면서 올려다
보도록 하자.

수도사 식당
Refectory

수도사들이 식사하던 곳으로 좁
고 긴 방에는 북쪽으로 난 두 개의
큰 창문이 있다. 양쪽 벽은 두꺼운
바위를 깎아서 만들었고, 중간에는
빛이 들어오는 틈새가 있다. 이곳
에 서서 중세시대 수도사들의 고요
하고 엄숙한 분위기를 상상하는 것
도 의미가 있다.

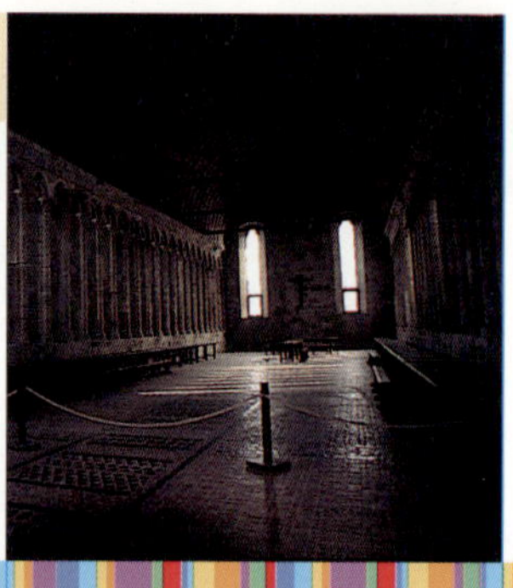

라 메르 풀라르
La Mère Poulard

🏠 B.P. 18-50116 Le Mont-
Saint-Michel

☎ 33-2-3360-1401

라 메르 풀라르(La Mère Poulard)
는 몽 생 미셸에서 가장 유명한 오
믈렛 전문점으로 성 안의 대로에
위치하고 있다. 입구에는 창립자가
걸어놓은 철로 만든 간판 - Mrs.
Poulard가 여전히 걸려있다.

1888년에 설립된 이 레스토랑은
'엄마가 만들어 준 오믈렛'이 대표
적이며, 노르망디 지방의 해산물과
특산물 요리 등이 메인요리이다.

백 년의 역사를 지닌 이 레스토
랑에는 수많은 사람들이 다녀갔는
데, 레스토랑 안의 벽에는 이곳을
다녀간 각국 유명인 등의 사인과
사진 등이 걸려있다. 그 중에는 영
국의 수상 처칠부인도 있다.

유명세가 있어 가격도 당연히 비

대천사 미카엘

Saint Michel

성경에는 많은 천사들이 나오는데 그들은 하나님의 종복이며, 군사인 동시에 말씀을 전하는 사자(使者)이다. 미카엘은 천사들보다 높은 '대천사'로, 천상의 군신인 동시에 영혼의 안내자이다. 신도들은 갑옷을 입고, 손에는 보검을 든 미카엘이 악마를 굴복시키고 우뚝 솟은 암벽 사이를 왔다 갔다 한다고 굳게 믿고 있으며, 미카엘을 대자연의 불가항력적인 힘, 즉 천둥, 번개, 혜성 등과도 연계하여 생각하기도 한다. 그래서 몽 생 미셸은 대천사 미카엘의 보호를 받는 최적의 장소로 여겨지고 있다.

싸다. 그럼에도 불구하고 점심 또는 저녁 식사시간에 미리 예약하지 않으면 한참을 기다려야 한다.

La Mère Poulard는 왜 관광객들에게 인기가 있을까? 그 이유는 화로에 직접 오믈렛을 요리하는 전통방식을 고수하고 있기 때문이다. 레스토랑 입구에는 개방형 주방이 마련되어 있는데, 식사시간이 다가오면 요리사들이 여러 개의 달걀을 스테인리스 통 안으로 깨어 넣는 모습을 볼 수 있다. 손으로 직접 달걀을 휘저어 부드럽게 만든 후 평편한 냄비에 부어 화로에 넣어 구우면 맛있는 오믈렛이 완성된다.

이러한 전통방식으로 만들어진 부드럽고 폭신한 오믈렛이 입안에 들어가면 사르르 녹아내리는 느낌이다. 여기에다 해산물이나 야채를 곁들이면 더욱더 엄마가 만들어준 그 맛을 느낄 수 있다.

오베르 쉬르 와즈

Auvers-sur-Oise

오베르는 그다지 크지 않은 곳이기 때문에 도보로 하루면 다 둘러볼 수 있다. 하지만 오베르에 도착한 후에는 돌아가는 길과 갈아타는 역 등의 출발시간을 미리 확인해야 한다. 그렇지 않으면 할 일 없이 오랫동안 머물러 있어야 할지도 모른다.

오베르는 파리의 북쪽에 위치하며, 인상파 화가의 대표인 반 고흐가 이곳에서 생애 마지막 2개월을 보내면서 많은 작품을 남긴 곳으로 유명해졌다.

교통정보

◎ 가는 방법

파리 북역(Gare du Nord)이나 생 라자르역(Gare Saint Lazare)에서 포뚜아즈(Potoise)나 생 우앙 로몬느(St. Ouen l'Aumone)행 기차 혹은 RER을 탄다. 그런 다음 차를 갈아타고 오베르(Auvers-sur-Oise)로 향한다.

오베르 쉬르 와즈 소개

1890년, 병세가 악화된 화가 반 고흐는 파리 북쪽의 오베르(Auvers-sur-Oise)에 있는 가셰 박사(Paul Gachet)를 찾아 요양을 떠난다.

오베르에서의 2개월은 반 고흐의 일생 중 최고의 시기였다. 그는 자기의 생명이 얼마 남지 않았음을 알아서인지 이 기간 동안 매일 한 폭 이상의 그림을 놀랄만한 속도로 그려 80여 점의 작품을 남겼다. 그 중에는 많은 사람들에게 회자되는 《가셰 부인》, 《오베르의 교회》, 《까마귀가 나는 밀밭》 등의 작품이 있다. 오베르가 반 고흐의 마지막 불꽃을 태운 곳이라고 말해도 전혀 과장됨이 없다.

라부 여관
Auberge Ravoux

P154

Place de la Mairie

33-1-3036-6060

33-1-3036-6061

레스토랑 :
점심 12:00·15:00,
봄, 여름의 저녁 (화~토) : 19:30~23:30
가을, 겨울에는 예약 필수.
고흐의 집 참관시간 : 매일
10:00~18:00

1890년 5월 20일, 반 고흐는 오베르에 와서 매일 3.5프랑의 값을 지불하고 라부 여관(Auberge Ravoux)에 머물렀다. 이 여관은 규모는 작지만 식사를 제공하기 때문에 돈이 없었던 고흐에게는 상당히 합리적인 선택이었다.

1층의 레스토랑에는 고흐가 당시에 가장 좋아했던 요리를 여전히 판매하고 있으며, 직접 만든 디저트, 과일파이 등도 반 고흐 시절부터 계속 있었던 간식이다.

도비니의 집
Maison de Daubigny

P154

기차역 맞은 편

개인 정원, 개방하지 않음

샤를르 도비니(Charles François Daubigny, 1817~1878)는 반 고흐가 아주 좋아했던 화가 중 한 명으로, 반 고흐가 오베르에 도착하기 수십 년 전에 도비니는 지금의 기차역 맞은편에 땅을 샀었다. 고흐는 후에 《도비니의 정원(Daubigny's Garden)》이라고 불리는 작품을 그렸고, 테오에게 쓴 편지에서 '이 작품은 내가 가장 공들인 유화 중의 하나이다.'라고 말한 바 있다.

지금의 도비니 정원은 대외개방을 하고 있지 않으며, 정원 밖에 반 고흐의 작품이라는 것을 알리는 표지판이 세워져 있을 뿐이다. 이 층 높이의 작은 집에서는 꽃과 나무가 가득한 정원이 내려다보이고, 오베르 교회의 꼭대기도 멀리 보이는 여전히 고흐의 그림처럼 아름답다.

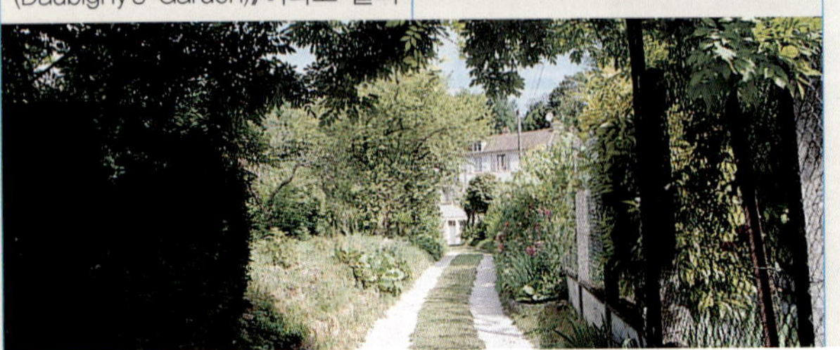

오베르 성
Château d'Auvers

P154

Rue de Lery 95430 Auvers-
sur-Oise

33-1-3448-4850

11~4월 화~일요일 10:00·18:30,
5~10월 화~일요일 10:00~20:00

www.chateau-auvers.fr

　오베르 성(Château d'Auvers)은 17세기에 어느 이탈리아 은행가가 지은 것으로 후에 레리(Lery)가에서 사들였다. 이때문에 이곳을 레리 성이라고도 부른다. 이 성 뒤에는 고흐가 그림을 그렸던 장소가 있는데, 후세 사람들은 이곳을 고흐가 자살을 시도했던 장소로 추측하고 있다.

　오늘날의 오베르 성에서는 인상파의 발전과정을 그린 영상과 그림 등을 전시하고 있다. 귀에 오디오 가이드를 착용하고 스크린이 내려오면 19세기 말의 파리와 예술 살롱의 모습이 눈앞에서 펼쳐진다. 당시 파리의 물랭루즈를 대표하는 캉캉춤도 감상할 수 있다.

　이곳의 기념품 가게에서는 반 고흐와 관련된 기념품을 구입할 수 있다. 화집을 사려고 한다면 고흐의 집 기념품 상점에 가면 더 다양하게 구비되어 있다.

가셰 박사의 집
Maison du Docteur Gachet

P154

Rue du Dr. Gachet

가셰 박사의 그림에 대한 사랑으로 고흐는 오베르에서의 요양을 결정할 수 있었다. 사실 가셰 박사는 상당히 민감하고 우울한 사람이었지만, 당시 반 고흐를 이해하는 유일한 사람이었을 것이다.

가셰 박사는 다른 의사와 달리 고흐를 정신분열자로 여겼다. 고흐에 대한 그의 우정은 사람들에게 감동을 주는데, 고흐가 죽은 후에 가셰 박사는 테오에게 '생각할수록 고흐 선생은 위대한 사람이었던 것 같습니다. 그가 그림 곁을 떠난 것을 본적이 없습니다. 다시 생각해봐도 그는 위인이었고, 또한 철학자였습니다.'라는 내용의 편지를 썼다.

오베르 교회
L'Eglise d'Auvers-sur-oise

- P154
- 도비니의 정원 뒤쪽에 위치
- 33-3-0367-7777(음악회 문의)
- 9:00~18:00
  매년 5~6월에 이곳에서 오베르 음악회가 개최

오베르 교회(L'Eglise d'Auvers-sur-Oise)는 반 고흐가 그의 작품에서 녹색 기둥, 주황색 기와지붕, 푸른색 창문으로 그린 바로 그 오베르 교회이다. 현실의 교회는 그림에서처럼 화려하지 않다.

노트르담 교회라고도 불리는 이 건축물은 12~13세기에 건설되었고, 1915년 이후에야 역사 고적으로 지정되었다. 아마도 고흐와 밀접한 관계가 있으리라 생각된다.

고흐의 작품은 교회의 맞은편에서 오베르 교회를 바라보면서 그린 것이다. 시가지 쪽에서 오베르 교회로 가려면 계단을 오르게 되어있다. 이 계단 역시 1947년에 역사 고적으로 지정되었다.

밀밭
Champ de Blé

- P154
- 오베르 교회 뒤쪽에 위치

교회 뒤쪽의 작은 길은 밀밭의 중앙으로 바로 통하는 길이다. 교회 아래쪽의 길을 걸으면 화가 도비니의 조각을 지나게 되는데, 표지판을 따라 걸어가면 끝도 없이 넓은 밀밭이 눈앞에 펼쳐지게 된다. 고흐가 자살하기 전 며칠 동안 이곳에서 《까마귀가 나는 밀밭》을 그렸는데, 당시는 여름의 밀 나락이 풍성해지는 시기였다.

반 고흐와 테오는 밀밭 옆의 묘지에 묻혔고, 고흐의 묘비는 왼쪽에, 테오의 것은 오른쪽에 있어 지금도 서로 돌보고 있는 것처럼 보인다.

파리 여행 정보
Paris Information

파리 기본 정보
- **지리적 위치** : 서부 유럽
- **수도** : 파리(Paris)
- **언어** : 프랑스어
- **기후** : 해양성, 대륙성, 지중해성 기후
- **종교** : 천주교 83%, 개신교 2%, 유태교2%, 회교 5%.
- **면적** : 54만 3965㎢.
- **전압** : 220V, 50Hz. 보통 2핀 방식이지만 간혹 접지를 위한 3핀 플러그를 사용하기도 한다.
- **시차** : 한국 시간보다 8시간 느리다. 섬머타임을 실시하는 기간(3월 마지막 일요일부터 10월 마지막 일요일까지)에는 한국 시간보다 7시간을 빼면 된다.

화폐, 환율
- **화폐** : 프랑스는 유럽연합의 화폐 유로(EURO)를 사용한다.
- **환율** : 2008년 2월 기준 1유로는 한화 약 1400원.

팁
식당의 팁은 보통 10~15%정도이다.

입국 정보
입국심사에는 항공편을 이용할 때와 열차, 기차 편을 이용할 때가 다르다. 항공권을 이용할 경우 기본적으로 여권 또는 국적과 신분을 증명할 수 있는 서류와 미리 작성한 입국카드를 제시해야한다. 관광 목적 등 간단한 질의를 거치면 간편하게 통과된다. 버스나 열차 편을 이용할 경우에는 입국카드를 작성할 필요가 없으며 국경을 지날 때 간단한 여권 검사로 통과할 수 있다.

여권 발급 요령

출국을 하려면 누구나 여권을 발급받아야 한다. 여권에는 1년의 유효기간 동안 1회의 해외여행이 가능한 단수여권과 10년의 유효기간 동안 횟수에 제한 없이 해외여행을 할 수 있는 복수여권이 있다. 특별한 사유가 없는 여행자는 해외여행을 할 때마다 여권을 발급받을 필요 없이 복수여권을 발급받는 것이 경제적이다.
2005년 9월 30일 이전에 발행된 구여권은 유효기간 동안 사용이 가능하다. 신여권 제도로 바뀌면서 기존의 유효기간 연장 제도가 폐지되었으므로 연장 가능한 구여권에 대해 신여권 발급 신청서를 작성하면 5년 유효기간의 신여권을 발급받을 수 있다.

여권 발급 구비서류
- 여권 발급 신청서
- 최근 3개월 이내에 찍은 여권사진(3.5cm X 4.5cm)

- 주민등록등본 1부
- 주민등록증 또는 운전면허증
- 대리신청의 경우 본인의 위임장과 주민등록증 및 그 사본과 대리인의 주민등록증이 필요하다.
- 만 18세 미만의 경우 부모의 여권발급동의서 및 동의인의 인감증명서가 요하다.

여권 발급비용
- 복수여권 – 55,000원
- 단수여권 – 20,000원
- 구여권 ⇨ 신여권(5년) – 15,000원

여권 발급기관
- 서울 : 종로구청, 노원구청, 강서구청, 영등포구청, 동대문구청, 강남구청, 송파구청
- 지방 : 각 시청과 도청의 여권과

비자
프랑스와는 셍겐협정의 체결로 90일 이내 체류시에는 비자가 필요하지 않으나, 90일 이상 체류하고자 할 경우에는 주한 프랑스 대사관으로부터 비자를 취득해야한다. 단, 셍겐협정 조인국을 여행할 경우에는 최초 입국지에서 최후 출국지까지 전체 여행일자를 합산하여 3개월 무비자 체류기간을 적용한다. 셍겐 협정 가입국으로는 프랑스, 독일, 벨기에, 룩셈부르크, 네덜란드, 이탈리아, 스페인, 포르투갈, 그리스, 오스트리아, 덴마크, 핀란드, 아이슬란드, 노르웨이, 스웨덴 등이 있다.

우편
우체국 개방 시간은 월요일~금요일 8:00~19:00, 토요일 8:00~12:00까지이다. 감람색 계통의 'La Poste'라는 표지판이 바로 프랑스 우체국의 표지판이다. 편지, 엽서를 부칠 때에는 창구에서 우표를 사면 되고, 소포를 보낼 때에는 자동 운임 계산기에서 표를 사면 된다. 500g 이상의 소포는 창구에서 처리해야 한다.

큰 규모의 우체국인 경우에는 먼저 번호표를 뽑고, 창구에 가서 국제(international), 국가명 등을 이야기하면 창구직원은 노란색 소포 박스를 줄 것이다. 잘 포장해서 주소를 쓴 후, 다시 직원에게 건네주어 무게를 재면 끝이다. 배(economique)로 보낼 것인지, 아니면 비행기(Prioritaire)로 보낼 것인지를 얘기해야 하며, 배는 시간이 오래 소요되기는 하지만 가격이 저렴하다.

파리 공항 정보
파리에는 총 3개의 공항이 있는데 각각 파리 샤를르 드 곤 국제공항(Charles de Gaulle. CDG), 파리 오를리 국제공항(Orly. ORY), 툴루즈 국제공항(Toulouse/TLS)이다. 현재 대한항공과 에어프랑스가 파리로 직항노선을 운행하고 있으며 런던이나 프랑크푸르트 등 유럽의 주요 도시를 경유하여 파리까지 갈 수도 있다. 대부분의 비행기가 샤를르 드 골 국제공항을 이용하고 있다. CDG에는 CDG1, CDG2 등의 2개의 터미널이 있고, CDG2는 다시 ABCD 네 동으로 나뉜다. 비행기 탑승 전에 항공사가 어떤 터미널에 도착하며, 어디에서 출발하는지 미리 확인하도록 하자.

공항에서 시내까지

에어프랑스 공항버스
(Air France coaches)

모두 4개의 노선이 있으며, 빨간선은 오를리 공항에서만 정차하고, 파란선은 오를리와 드 골 공항(CDG2)에서 정차한다. 녹색선은 드 골 공항(CDG1, CDG2)에서만 서고, 황색선은 리옹역과 몽파르나스(기차역 옆)에 정차한다. 교통 체증이 없을 경우 드 골 공항까지 약 45분이 걸리고, 오를리까지는 35분 정도가 소요된다.

만약 큰 짐이 있다면 공항버스를 이용하는 것이 가장 편리하다. 일부 지하철에는 에스컬레이터가 없어 오르내릴 때 불편하다. 공항버스 가격은 다른 교통수단보다 비싸지만, 편리하다.

Roissybus

남색, 오렌지색, 노란색의 3개의 노선이 있으며, 남색은 드 골 공항을 지나며 종점은 오페라 극장이다. 나머지는 오를리에만 간다.

RER

공항에는 RER역까지 가는 무료 셔틀버스가 있다. RER B선은 시내 지하철(Métro)과 연결된다.

시내 교통

• 지하철 : METRO 혹은 M이라고 표시되어 있는 곳이 바로 지하철 입구이다. 계단 아래로 내려가면 매표소가 있다. 환승역(Correspondence)은 오렌지색으로 표시되어 있고, 'Sortie' 라고 적혀있는 곳이 출구이다.

지하철 티켓은 1장에 €1.3이고, 한번에 10장을 사면 10유로에 구입하여 지하철과 버스에 같이 사용할 수 있다. 파리에 장기간 체류할 경우, 1주일권인 오렌지카드(Carte Orange)를 사면 일정 지역 내의 버스와 지하철을 모두 이용할 수 있다. 1주일권 카드는 1주일동안 무제한으로 사용가능하며, 한 달권은 매월 1일부터 월말까지가 유효기간이다. 파리 전체를 여행하려면 1-2구역 티켓을 사면 된다.

• 무제한 지하철 티켓 요금 (유로)

	1주일권	한달권
1-2구역	14.50	48.60
1-3구역	19.40	64.20
1-4구역	24.10	79.60
1-5구역	28.90	95.50

• RER : 파리 근교에 가기 위해서는 RER을 이용해야 한다. RER은 고속 교외 전철(Reseau Express Regional)의 약칭으로 파리 시내에서는 지하로 다니다가, 시외에서는 지상으로 달리는 우리의 국철과 비슷하다. 드 골 공항, 라 데팡스(La

각 항공사별 파리 비행 정보

항공사	IATA	예약전화	홈페이지
프랑스 항공	AF	(02)2718-1631	www.airfrance.com
루프트한자 항공	LH	(02)2503-4114	www.lufthansa.com
브리티시 항공	BA	(02)2512-6888	www.britishairways.com
네덜란드 항공	KL	(02)2711-4055	www.klm.com.tw
에바 항공	BR	(02)2501-1999	www.evaair.com.tw
캐세이퍼시픽 항공	CX	(02)2715-2333	www.cathaypacific.com/tw
타이항공	TG	(02)2509-6800	www.thaiairways.com.tw

Défense), 베르사이유 궁전 및 디즈니랜드 등을 갈 때에 모두 RER을 타면 편리하다.

• 파리 투어 버스 : 파리를 이해하는 가장 빠른 방법은 자유롭게 탑승, 하차가 가능한 투어버스를 타는 것이다. 투어버스를 타면 편안하게 파리의 관광 명소들을 둘러볼 수 있다.

◎ 레 까르 루쥬
　Les Cars Rouges
🏠 17 quai de Grenelle
📞 33-1-5395-3953
💲 성인 €22, 어린이 €11
　이틀 동안 유효하다.
🌐 www.lescarsrouges.com

◎ 파리 오픈 투어
　Paris OpenTour
🏠 13 rue Auber
📞 33-1-4266-5656
💲 성인 1일권 €24, 2일권 €27
　4~11세 어린이 €12.
🌐 www.paris-opentour.com

기차 여행

🌐 www.sncf.com/indexe.htm

기차를 이용하여 프랑스를 여행하는 것은 가장 편리하고 경제적인 방법이다. 여행 일수를 정한 다음 프랑스 철도 패스(France-Rail-Pass)를 구입하면 된다. 유효기간 1개월 이내에 3일이나 9일을 선택하여 구입하면 된다. 1등석과 2등석으로 구분되며, 2~5인 이상이 단체 구매할 때에는 할인된 가격으로 살 수 있다. 기차를 타기 전에 티켓의 공란에 당일 날짜를 적으면 되고, 해당 기간에는 탑승 횟수 및 노선 등에 구애받지 않는다. TGV도 탑승 가능하지만 예약 비용은 별도이다.

TGV(Train à Grande Vitesse)는 프랑스의 고속열차로 자리 배정을 위해서는 예약이 필수이다. 자리를 배정받을 때 자신이 소지한 티켓을 보여줘야 하며, 날짜, 기차 편수, 출발지 및 도착지, 출발시간 및 도착시간, 인원수, 흡연/비흡연 등을 알려줘야 한다. 예약 비용은 노선 길이, 좌석 등급에 따라 다르다. 기차역 내의 공용 컴퓨터로 시간표 확인, 티켓 구매 등이 가능하지만 자리 배정은 별도로 해야 한다.

프랑스 기차역에서 제공하는 시간표 소책자에는 발차 시간 및 요일 등이 모두 프랑스어로 적혀있다. 차를 놓치는 참사를 겪지 않기 위해 기차역 내의 컴퓨터 등에서 미리 시간표를 확인해야 한다. 또한 프랑스 기차는 종종 연착하기 때문에 기차 출발 전에 임의로 플랫폼을 바꾸는 일도 있으니 계속 주의해야한다.

할인 카드

• 박물관 패스(Museum Pass)

파리의 크고 작은 박물관들을 관람하려면 입장권만으로도 적잖은 비용이 지출된다. 파리 박물관 패스를 구입하면 70개 이상의 박물관 및 관광 명소 등을 무제한으로 무료입장할 수 있다. 루브르 박물관, 오르세 미술관, 퐁피두센터, 베르사

이유 궁전, 퐁텐블로 등이 이에 해당되며, 표를 사기 위해 오랫동안 줄서는 번거로움을 덜 수 있다.

패스는 1, 3, 5일권으로 구분되며, 각각 €18, €36, €54 이다. 파리 박물관 패스는 파리 관광청, 각 박물관 및 지하철 등에서 구입가능하며, 구입 후 뒷면에 첫 번째 사용 날짜 및 성명 등을 즉시 기입해야 한다. 주의해야 할 점은 3일권, 5일권이 임의의 원하는 날짜를 선택하는 것이 아니라 연속적인 날짜를 의미한다는 것이다.

• Paris Visite
www.parisvisite.tm.fr

어디든 돌아다니는 것을 좋아한다면 Paris Visite 패스 구입을 추천한다. 1-3구역, 1-5구역의 두 종류가 있으며, 날짜는 1, 2, 3, 5일권 중에서 선택 가능하다. 기간 내에 무제한으로 지하철, RER, 버스, 기차 등의 대중교통을 이용할 수 있을뿐더러, 관광명소 참관, 투어버스 탑승, 센 강 유람선 등을 이용할 때 모두 할인 혜택이 있다. 상세한 내용과 가격 등은 웹사이트를 참고하면 된다.

전화

일반적으로 공중전화에서 국제전화가 가능하다. 먼저 '00'을 누른 후에 국가, 지역번호 등을 입력한다. 만약 프랑스 내에 전화를 하고자 하면 같은 도시라고 할지라도 반드시 지역번호를 먼저 눌러야 한다.

- **파리에서 한국으로 전화하는 경우**
  00-82-(0을 제외한 지역번호)-전화번호

- **한국에서 파리로 전화하는 경우**
  국제전화 접속 번호-33(프랑스 국가번호)-1(0을 생략한 파리 지역번호)-전화번호

주요 기관의 영업 시간

프랑스의 업무시간은 대부분 아침 9:00부터 저녁 18:00까지이다. 일반적인 상점의 영업시간은 월요일부터 토요일까지 10:00~18:00, 또는 19:00까지라고 생각하면 된다. 식품점은 이보다 일찍 문을 열지만, 점심에는 대부분 쉰다. 보통 상점들은 대부분 월요일에 쉬고, 옷가게는 일요일에 쉰다. 레스토랑은 일반적으로 매일 영업을 하고, 정오부터 새벽 2~3까지 영업한다. 박물관, 성, 기타 관광지들은 보통 9:00~18:00까지 개방하고 있다. 여름에는 연장 개방하는 경우가 많고, 겨울에는 보통 일찍 끝난다. 월요일 휴관이 대부분이며, 국정 공휴일에도 쉰다.

주요 기관 연락처

- **주 프랑스 한국 대사관**
  전화 : 33-1-4753-0101
  주소 : 125 rue de Grenelle 75007 Paris (지하철 13번선,

Varenne 역)

FAX : 33-1-4753-0041

• 한국 문화원

33-1-4720-8386

33-1-4720-8415

2 Avenue d'Iéna 75116 Paris

www.coree-culture.org

• 한국 관광공사

33-1-4538-7123

Tour Maine Montparnasse 33,
Ave. du Maine, B.P.169

http://french.tour2korea.com

• 경찰 17

• 구급차 15

공휴일

- 신년 휴일(1.1)
- 부활절
- 노동절(5.1)
- 승전기념일(5.8)
- 승천일
- 성신강림일
- 혁명기념일(7.14)
- 성모승천일(8.15)
- 만성절(11.1)
- 휴전 기념일(11.11)
- 성탄절(12.25)

그 밖의 필수 아이템

여행자보험

여행자보험이란 여행을 끝마치고 귀국할 때까지 생긴 사고에 대한 보상을 해주는 일회성 보험이다.

보험신청은 보험회사 화재부와 여행사를 통해 할 수 있으며, 공항의 여행보험 판매계에서 출국 직전에도 쉽게 할 수 있다. 보상금에 따라 보험금의 차이가 있지만 보통 2만원 가량의 보험금이 지출된다.

국제운전 면허증

해외여행을 위한 여권 소지자는 약간의 수수료와 간단한 절차를 통해 국제 운전면허증을 국내에서 발급받을 수 있으며, 해외에서 사용할 수 있다.

- **발급장소** : 거주지 관할 운전면허 시험장
- **구비서류** : 운전면허증, 여권, 여권사진 2매
- **유효기간** : 1년

국제학생증

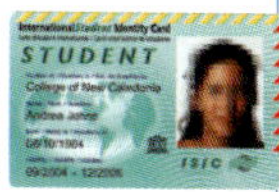

만약 학생인 경우에는 국제학생증(International Student Identity Card)을 발급받아 떠나는 것이 좋다. 국제학생증을 제시하면 박물관, 미술관, 극장, 레스토랑 등에서 여러 가지 할인혜택을 받을 수 있다. 한국에서 국제학생증을 발급받지 못했다면 현지에서 발급받을 수 있다. 국제학생증은 대부분의 국가에서 취급하기 때문에 발급받는 장소만 알고 있다면 오히려 우리나라보다 간편하게 즉석에서 받을 수도 있다.

- **발급장소** : ISEC 국제학생증 한국 본사나 서울 종각역 근처 대부분 여행사에서 발급가능

- **구비서류** : 재학증명서, 신분증,
  여권사진 1매
- **발급비용** : 14,000원
- **소요시간** : 접수 후 2일 이내 발송

신용카드

해외여행을 갈 때에는 사용할 일이 없더라도 만약을 대비해 신용카드를 가져가는 것이 좋다. 신용카드는 휴대가 간편하고 분실했을 경우 즉시 신고하면 보상받을 수 있다는 장점 뿐만 아니라 카드 종류에 따라 마일리지나 포인트 적립을 받아서 상품이나 현금으로 사용하는 등 여러 가지 혜택을 받을 수 있기 때문이다.

여행자 수표 (T/C)

여행자 수표는 현금 대신 사용할 수 있고 한도가 있으므로 사용 예산을 조절할 수 있다는 장점이 있다. 현지 은행에서 현금으로 교환 가능하며 환율이 현금보다 유리하다는 장점이 있다. 또한 분실/도난 시 재발급을 받을 수 있어 안정성을 보장받을 수 있다. 하지만 모든 곳에서 사용할 수 있는 것은 아니며 발행회사의 환전소가 아닐 경우 수수료를 물게 된다는 단점도 있다. 발행회사는 AMEX와 VISA 두 곳이 있고 국민은행이나 외환은행에서 발급받을 수 있다. 여행자수표는 발급 즉시 서명하고 사용할 때 다시 서명해야 하며, 서명란 두 곳이 모두 서명되어 있으면 사용할 수 없다.

세관

프랑스의 통관 규정에 따르면 175유로 이상의 고가품(노트북, 카메라, 비디오 카메라)등의 경우 프랑스 입국 시 세관 당국에 물품 구입 영수증(구입 후 6개월이 경과해야 함)을 제출해야 하고, '재 반출 조건 일시 반입 물품 확인서'를 발급받아야 한다. 이 과정을 거치지 않고 미신고 상태로 입국하다 세관

당국에 적발되면 벌금 및 부가가치세(19.6%)를 부과받는다.

주류는 22도 이하일 경우에는 2리터, 22도 이상일 경우에는 1리터가 허용되고, 담배 200개비(단, 시가의 경우 50개비), 향수는 50g까지 허용된다. 여행 시 사용할 노트북, 휴대폰, 카메라, 비디오 카메라 각 1대씩과 €175(미성년자인 경우 €90)이하의 생활용품은 면세 한도 기준에 포함된다. 또 €7600 이상의 현금, 여행자수표, 신용장, 어음, 현금지불권, 유가증권, 금괴시장에 상장된 금화 및 은화 등은 입국 시 세관에 신고해야한다. 개인 치료용 의약품의 경우, 치료 기간에 상당하는 양의 의약품이어야 하며 의사의 처방전을 소지해야한다. 반입이 금지된 물품은 위·변조물품, 미성년자를 이용한 포르노 성격의 모든 물품, 석면·납·니켈 등 위험한 물질을 포함한 물품, 프랑스 및 EU회원국이 위생상의 이유로 반입 금지한 동물성 식품 등이 있다.

세금 환급시 주의 사항

외국 관광객이 파리에서 쇼핑한 금액이 175€를 초과할 경우 면세 혜택을 받을 수 있다. 물건 구입시 여권과 함께 면세 요청을 하면 필요한 서류를 준다. 이것을 작성하여 출국 심사 전에 세관에게 제출하고 물건을 보여주면 스탬프를 찍어주는데, 이것을 우체통에 넣으면 귀국 후 12~15%의 세금을 환급받을 수 있다.

파리 여행시 주의 사항

필요한 금액만을 소지하고 많은 액수의 현금, 여권을 포함한 귀중품은 가지고 다니지 않도록 한다. 호텔프론트 데스크에 있는 금고에 보관한다.

현금, 귀중품은 가방이나 호주머니 등 여러군데에 나누어 휴대한다.

신용카드의 비밀번호는 누구에게도 보이지 않도록 하고 가르쳐 주지

않도록 한다. 분실,도난을 대비해 카드번호를 메모해 두도록 한다.

　여권을 복사해두고 체류하는 곳의 주소와 전화번호를 메모하여 함께 휴대한다. 경찰로부터 요구받을 경우를 대비하여 설명할 수 있도록 준비한다.

　여행자보험에 반드시 가입한다. 단기여행자에게는 의료보험혜택이 전혀 없기 때문에 불의의 사고에 항상 대비한다.

　민박의 경우 대부분 등록되지 않는 업소로써 사고발생시 보상을 받기가 어려운 만큼 숙소선정은 신중하게 한다.

사이즈 조견표			
Korea	Italy	FR	US
44	36	34	0-2
55	38-40	36	4-6
66	42-44	38-40	8-10
77	46-48	42-44	12-14
88	50-52	46-48	16-18

신발 사이즈 조견표			
Korea	Italy	FR	US
230	36.5	36	6
235	37	37	6.5
240	38	37	7
245	38.5	38	7.5
250	39	39	8
255	39.5	40	8.5
260	40	40.5	9
265	40.5	41	9.5
270	41	42	10
275	41.5	43	11.5

출입국 신고서 작성요령

- 01 이름
- 02 성
- 03 생년월일
- 04 출생지
- 05 국적
- 06 직업
- 07 프랑스내 체류주소
- 08 탑승 공항명

CARTE DE DÉBARQUEMENT

DISEMBARKATION CARD

ne concerne pas les voyageurs de nationalité française
ni les ressortissants des autres pays membres de la C.E.E.

not required for nationals of France nor for other
nationals of the E.E.C. Countries.

1　Nom : GIL DONG 01
NAME (en caractère d'imprimerie — please print)

Nom de jeune fille :
Maiden name

Prénoms : HONG 02
Given names

2　Date de naissance : 20　09　60 03
Date of birth　(quantième) (mois) (année) (day) (month) (year)

3　Lieu de naissance : SEOUL 04
Place of birth

4　Nationalité : KOREA 05
Nationality

5　Profession : STUDENT 06
Occupation

6　Domicile : 11 AV. MADELEINE 75001 PARIS 07
Address

7　Aéroport ou port d'embarquement : INCHEON 08
Airport or port of embarkation

La loi numéro 78-17 du 6 Janvier 1978 relative à l'informatique, aux fichiers et aux libertés s'applique aux réponses faites à ce document. Elle garantit un droit d'accès et de rectification pour les données vous concernant auprès du Fichier National Transfrontière - 75, rue Denis Papin - 93500 PANTIN. Les réponses ont pour objet de permettre un contrôle par les services de police des flux de circulation avec certains pays étrangers. Elles présentent un caractère obligatoire au sens de l'article 27 de la loi précitée.

MOD. 00 30 00 03 00 I.C.P.N. Roubaix 2002

여 행 자 수 표

Q & A

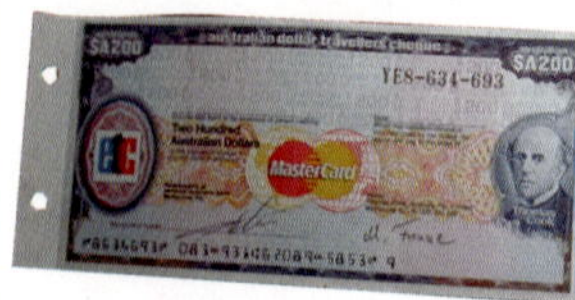

Q : 여행자수표는 어디에 쓰면 좋나요?

A : 해외 여행 : 많은 관광지에서는 소매치기가 횡행합니다. 여행자수표는 현금을 대신하는 것으로 지갑에 계속 신경 쓰지 않고 여행을 즐길 수 있습니다. 또한 여행자수표를 사용하면 여행 경비를 조절할 수 있습니다. 신용카드와 달리 있는 만큼 쓰는 것이기 때문에 예산범위 내에서 사용 가능합니다.

해외 출장 : 해외 전시회에 참가하거나 제품을 구입할 때, 대부분 현지에서 즉시 지불해야 하는 경우가 많습니다. 계약금을 내거나, 샘플 구입비를 결제할 때, 혹은 예상치 못한 지출이 발생하거나, 카드를 받지 않는 경우에도 여행자수표는 적절하게 사용 가능합니다. 현지 은행에서 현금으로 교환할 수 있기 때문에 현금을 가지고 출국하는 것보다 안전합니다.

해외 유학 : 여행자수표는 학비, 생활비를 지불하는 수단으로도 사용 가능합니다. 단기 연수의 경우 체재기간이 비교적 짧아 일반적으로 해외에서 통장개설을 하지 않습니다. 그러므로 여행자수표로 학비, 생활비 등을 지불하는 것은 안전하면서도 신용카드의 한도 제한에 구애받지 않는 가장 편리한 선택입니다. 유학의 경우, 준비해야 할 비용이 더욱 큽니다. 현지에서 통장을 개설하기 전에 사용할 돈을 안전하게 준비하는 방법으로 여행자수표가 유용하게 사용됩니다.

이밖에 여행자수표를 구입할 때에는 환율이 일반적으로 현금보다 유리하게 적용됩니다. 환율이 낮아 출국 이전부터 약간의 비용을 절약할 수 있고, 또한 안전하다는 장점이 있습니다.

Q : 어디에서 아멕스 여행자 수표를 살 수 있나요?

A : 현재 크게 3가지 방법으로 여행자수표를 구입 가능합니다.

▶ 은행 : 지점을 포함한 전국 각 은행에서 구입가능. 단, 외환은행에서는 호주달러와 영국 파운드, 일본 엔화, 캐나다 달러만 구입가능.

▶ 인터넷 예약 : 우리은행과 신한은행 웹싸이트에서 온라인으로구매할 수 있음. 자세한 내용은 http://www.ameri-canexpress.com/korea 참고.

Q : 여행자수표를 분실하면 현지에서 재발급 가능한가요?

A : 아멕스 여행자수표는 전세계 84,000여 은행과 환전소 등의 파트

너와 함께 일하고 있으며, 동시에 2,200개의 여행서비스센터를 두고 있습니다. 여행자수표 분실시 일반적으로 모두 현지에서 재발급이 가능하며, 수수료도 없습니다. 다음 여행지에서 재발급을 신청해도 됩니다.

Q : 왜 여행자수표를 사용하는 것이 경제적이고 혜택이 많다고 하나요?

A : 여행자수표를 구입할 경우 외화 구입 시 현금으로 구입하는 것보다 일반적으로 쌉니다. 외국에서 현지화폐로 교환하려고 할 때, 수수료를 면제해 주는 환전소도 많기 때문에 어떤 때에는 더 많은 현지 화폐를 손에 쥘 수 있습니다. 수수료 등에서 돈을 아낄 수 있을뿐더러 수지타산이 잘 맞는 방법입니다.

Q : 해외 유학을 할 때, 학비와 생활비를 가지고 나가려고 합니다. 어떤 방식을 선택해야 좋을까요?

A : 여러 방법을 혼합해서 사용하는 것이 좋습니다. 위험을 피하고, 동시에 편리하게 사용할 수 있어야 합니다. 학비를 현지에서 지불한다면 여행자수표를 이용하는 것이 가장 좋습니다. 생활비의 70% 정도는 여행자수표, 20% 정도는 신용카드, 10%는 현금으로 사용하는 것이 좋습니다.

여행자수표의 사용방법

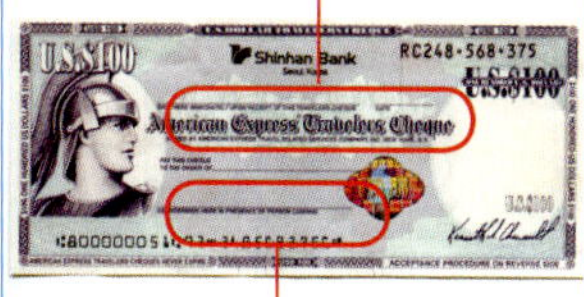

1. 구입 후 즉시 서명 : 구입 후 즉시 수표 왼쪽 상단에 사인합니다. 어느 언어도 무방합니다.

2. 사용 시 재서명 : 사용할 때에 수취인의 앞에서 왼쪽 하단에 상단과 일치하는 사인을 하면 됩니다.

3. 따로 보관 : 구매계약서와 여행자수표는 따로 보관하세요. 만약 여행자수표를 분실, 훼손한 경우 구매계약서를 가지고 각지의 분실배상서비스센터에 가서 분실처리를 하면 됩니다.

여행 회화
Travel Convesation

출국과 입국

■ 기초회화

안녕하세요.(오전/오후)
Bonjour/Bonsoir.
봉쥬르/봉수아.

저기요/실례합니다.
**Excusez-moi./S'il vous plaît/
Pardon.**
엑쓰뀌제 무와/씰 부 쁠레/빠르동.

정말 감사합니다.
Je vous remercie./Merci beaucoup.
쥬 부 흐메르씨./메르씨 보꾸.

천만에요.
Je vous en prie.
쥬 부 정 프리./
Mais de rien.
메 드 리엥.
Ce n'est rien.
쓰 네 리엥.
(Il n'y a) Pas de qoui.
(일 니 아) 빠 드 꾸아.

네, 그렇게 하시죠.
Bien sûr!
비엥 쒸르!
Mais oui!
메 위!
Bien entendu !
비엥 앙땅뒤!

미안합니다.
Pardon.
빠르동.

여기서 사진을 찍어도 될까요?
Peut-on prendre des photos ici?
뾔 똥 프랑드르 데 포또 이씨?

■ 기내에서

제 자리 찾는 것 좀 도와주세요.
**Pourriez-vous m'aider à chercher
ma place?**
뿌리예 부 메데 아 샥쉐 마 쁠라쓰?

실례합니다만 저의 자리에 앉아계
신 것 같은데요.
**Excusez-moi, vous occupez ma
place.**
엑쓰뀌제 무아, 부 조뀌뻬 마 쁠라쓰.

자리를 바꿀 수 있을까요?
**Est-ce que je peux changer de
place?**
에스 끄 쥬 뾔 샹제 드 쁠라스?

한국 잡지나 신문 있어요?
**Avez-vous des journaux ou
magazines coréens?**
아베 부 데 쥬르노 우 마가진느 꼬레엥?

음료는 뭘로 하시겠습니까?
Que désirez-vous boire?
끄 데지레 부 부와르?

오렌지 주스 부탁합니다.
Un jus d'orange, s'il vous plaît.
엉 쥐 도랑쥬. 씰 부 쁠레.

탑승권을 보여 주시겠습니까?
Montrez-moi votre billet d'avion, s'il vous plaît.
몽트레 무와 보트르 비예 다비옹. 씰 부 쁠레.

뭐 마실 것 좀 주시겠어요?
Avez-vous quelque chose à boire?
아베 부 껠끄 쇼즈 아 부아르?

펜 좀 빌릴 수 있을까요?
Puis-je emprunter[prendre] un stylo?
쀠 쥬 앙프렁떼[프랑드르] 엉 스띨로?

얼마나 더 가야합니까?
Combien de temps encore reste-t-il?
꽁비엥 드 땅 엉꼬르 레스뜨 띨?

파리까지 비행시간이 얼마나 걸립니까?
Combien de temps dure le vol jusqu'à Paris?
꽁비엥 드 땅 뒤르 르 볼 쥐스까 빠리?

파리에는 언제 도착합니까?
Quand atterrit-on à Paris?
깡 아떼리 또 나 빠리?

■ 입국심사

여권과 입국신고서를 볼 수 있을까요?
Donnez-moi votre passeport et votre déclaration, s'il vous plaît.
도네–무아 보트르 빠쓰뽀르 에 보트르 데클라라씨용 실 부 쁠레.

방문 목적이 무엇입니까?
Quel est le but de votre visite?
껠 렐 르 뷔 드 보트르 비지뜨?

관광입니다./사업차 방문입니다./공부하러 왔습니다.
Je viens pour faire du tourisme/des affaires/des études.
쥬 비엥 뿌르 페르 뒤 뚜리슴므/데 자페르/데 제뛰드.

어디서 오셨어요?
Vous êtes de quelle nationalité?
부 제뜨 드 껠 나씨오날리떼?

저는 한국에서 왔습니다.
Je viens de Corée.
쥬 비엥 드 꼬레.

어디에서 머물 예정이십니까?
Où séjournerez-vous?
우 쎄쥬르느레 부?

생 루이 호텔에 묵습니다.
À l'Hôtel Saint Louis.
알 로뗄 쎙 루이.

프랑스에 얼마동안 머물 예정이신가요?
Combien de temps restez-vous en France?
꽁비엥 드 떵 레스떼-부 정 프랑스?

약 일주일입니다.
Environ une semaine.
앙비롱 윈느 스멘느.

돈을 얼마나 소지하고 계십니까?
Combien d'argent liquide avez-vous?
꽁비엥 다르쟝 리끼드 아베 부?

■ 세관통과

신고할 물건이 있습니까?
Avez-vous quelque chose à déclarer?
아베 부 껠끄 쇼즈 아 데끌라레?

신고할 게 없습니다.
Non, je n'ai rien à déclarer.
농, 쥬 네 리옝 아 데끌라레

이 물건의 가격이 대략 얼마나 됩니까?
Combien coûte ceci à peu près?
꽁비옝 꾸뜨 쓰씨 아 뾔 프레?

250유로 주고 샀습니다.
J'ai payé 250[deux-cent-cinquante]euros pour cela.
줴 뻬이예 되 쌍 쎙깡 뙤로 뿌르 쏠라.

관세 20유로를 내야합니다.
Vous devez payer 20[vingt] euros de droit de douane.
부 드베 뻬이예 벵 뙤로 드 드루아 드 두안느.

가방에 뭐가 들었는지 볼 수 있을까요?
Ouvrez ce sac-là, s'il vous plaît. Qu'est-ce qu'il y a dans ce sac?
우브레 스 싹 라, 씰 부 쁠레·께 스 낄 리 야 당 스 싹?

개인적 용도로 가져왔습니다.
C'est pour mon usage personnel.
쎄 뿌르 몽 뉘자쥬 뻬르쏘넬.

주류나 담배를 가지고 계시나요?
Avez-vous de l'alcool ou des cigarettes?
아베 부 드 랄꼴 우 데 씨가레뜨?

네, 위스키 한 병을 가지고 있습니다./예, 담배 한 보루를 가지고 있습니다.
Oui, j'ai une bouteille de whisky/ une cartouche de cigarettes.
위, 줴 윈 부떼이으 드 위스끼/윈느 까르뚜슈 드 씨가레뜨

다른 짐들이 있습니까?
Avez-vous d'autres bagages?
아베 부 도트르 바가쥬?

아니오,(다른 짐들이) 없습니다.
Non, je n'en ai pas.
농, 쥬 넝 네 빠.

그것을 가지고 입국할 수 없습니다.
Vous ne pouvez pas entrer avec ça.
부 느 뿌베 빠 정트레 아벡 싸.

그렇습니까? 몰랐습니다.
Vraiment? Je ne savais pas.
브레망? 쥬 느 싸베 빠.

이걸 유로로 환전할 수 있을까요?
Est-ce que je peux changer ceci en euros?
에스 끄 쥬 뾔 샹제 쓰씨 엉 뇌로?

관광안내소가 어디 있는지 아세요?
Excusez-moi. Où est le bureau d'information touristique?
엑쓰뀌제 무아. 우 엘 르 뷔로 뎅포르마씨용 뚜리스띠끄?

환율이 어떻게 됩니까?
Quel est le taux de change (aujourd'hui)?
껠 렐 르 또 드 샹쥬 (오쥬르뒤이)?

시내 지도 있습니까?
Avez-vous un plan de la ville?
아베 부 정 쁠랑 들 라 빌르?

파리 지도를 하나 얻을 수 있을까요?
Puis-je avoir un plan de Paris?
쀠 쥬 아부아르 엉 쁠랑 드 빠리?

값싼 호텔 하나 추천해주시겠어요?
Voulez-vous me dire quelques hôtels ne sont pas chers[그리고 깨끗한:et bien propres]?
불레 부 므 디르 껠끄 조뗄 느 쏭 빠 쉐르[에 비엥 프로프르] ?

호텔 예약 좀 해 주시겠어요?
Pourriez-vous me réserver une chambre dans un hôtel?
뿌리예 부 므 레제르베 윈느 샹브르 당 저 노뗄?

관광안내책자 한 권 주세요.
Donnez-moi un guide touristique, s'il vous plaît.
도네-무아 엉 기드 뚜리스띡끄, 씰 부 쁠레.

약도를 좀 그려 주시겠어요?
Est-ce que vous pouvez dessiner un petit plan?
에스 끄 부 뿌베 데씨네 엉 쁘띠 쁠랑?

출구가 어느쪽이죠?
Où est la sortie?
우 엘 라 쏘르띠?

교통수단의 이용

■Bus 이용

버스정류장이 어디죠?
Où est l'arrêt d'autobus?
우 엘 라레 도또뷔쓰?

길 건너에 있습니다.
C'est en travers de la route.
세 떵 트라베르 들 라 루뜨.

(물랭루즈에 가려면) 어느 버스를 타야 합니까?
Quel autobus faut-il prendre (pour aller au Moulin Rouge)?
껠 로또뷔쓰 포 띨 프랑드르 (뿌르 알레 오 물랭루즈)?

45번 버스를 타세요.
Prenez le numéro de ...45
프르넬 르 뉘메로 드 ... 꺄랑뜨–쌩끄

뤽상부르 공원까지 얼마입니까?
C'est combien jusqu'au Jardin du Luxembourg?
쎄 꽁비엥 쥐스꼬 쟈르뎅 뒤 뤽쌍부르?

어른 한 명에 20유로입니다.
Ça coûte 20[vingt] euros pour les adultes.
싸 꾸뜨 벵 뙤로 뿌르 레 쟈뒬뜨.

어디서 내려야하나요?
Où dois-je descendre?
우 두아 쥬 데썽드르?

제가 언제 내려야 할 지 알려주시겠습니까?
Pourriez-vous me dire quand je dois descendre?
뿌리예 부 므 디르 깡 쥬 두아 데쌍드르?

버스를 갈아타야 하나요?
Est-ce que je dois changer d'autobus?
에 스 끄 쥬 두아 샹제 도또뷔쓰?

노트르담 대성당까지 몇 정거장 남았나요?
Combien d'arrêt reste-il jusqu'à la Cathédrale Notre-Dame de Paris?
꽁비엥 다레 레스 띨 쥐스깔 라 까떼드랄 노트르–담 드 빠리?

노트르담 대성당 앞에서 내려주세요.
Laissez-moi devant la Cathédrale Notre-Dame de Paris.
레쎄 무아 드방 라 까떼드랄 노트르담–드 빠리.

버스를 잘못 탄 것 같아요.
Je pense que j'ai pris mal.
쥬 빵쓰 끄 줴 프리 말.

■Taxi 이용

택시 승강장이 어디입니까?
Où est la station de taxi?
우 엘 라 스따씨용 드 딱씨?

트렁크 좀 열어주시겠어요?
Pourriez-vous ouvrir le coffre, s'il vous plaît.
뿌리예 부 우브리르 르 꼬프르, 씰 부 쁠레.

어디로 가십니까?
Où allez-vous?
우 알레 부?

이 주소로 데려다 주세요.
Conduisez-moi[Allez] à cette adresse, s'il vous plaît.
꽁뒤제 무와 [알레] 아 쎄 따드레쓰, 씰 부 쁠레.

공항으로 급히 가야합니다.
Je dois aller à l'aéroport. Je suis pressé.
쥬 두아 잘레 아 라에로뽀르, 쥬 쒸이 프레쎄.

기본요금이 얼마죠?
Quel est le tarif de base?
껠 레 르 따리프 드 바즈?

공항까지 얼마나 걸릴까요?
Combien de temps faut-il pour aller à l'aéroport?
꽁비엥 드 땅 포 띨 뿌르 알레 아 라에로뽀르?

가장 빠른 길로 가주세요.
Prenez le chemin le plus court, s'il vous plaît.
프르네 르 슈멩 르 쁠뤼 꾸르, 씰 부 쁠레

여기서 내려주세요.
Je descends ici.
쥬 데쌍 이씨.

잔돈은 그냥 가지세요.
Gardez la monnaie, s'il vous plaît.
가르데 라 모네 씰 부 쁠레.

■렌트카 이용

자동차를 렌트하고 싶은데요.
Je voudrais louer une voiture.
쥬 부드레 루에 윈느 부아뛰르.

운전면허증을 보여주시겠어요?
Montrez-moi votre permis de conduire.
몽트레 무아 보트르 뻬르미 드 꽁뒤르.

이게 제 국제운전면허증입니다.
Voici mon permis de conduire international.
부아씨 몽 뻬르미 드 꽁뒤르 엥떼르나씨요날.

어떤 종류의 차를 원하세요?
Quel type de voiture voulez-vous?
껠 띠쁘 드 부아뛰르 불레 부?

소형을 원하시나요, 아니면 중형을
원하시나요?
Voulez-vous une petite voiture ou
une berline?
불레 부 윈느 쁘띠드 부아뛰르 우 윈느 베를린?

얼마동안 쓰실 거죠?
Combien de temps voulez-vous la
prendre?
꽁비엥 드 땅 불레 불 라 프랑드르?

15일간 렌트하려고요.
Je la voudrais pour 15[quinze]
jours.
쥬 라 부드레 뿌르 껭즈 쥬르.

하루에 드는 비용이 얼마죠?
Quel est le tarif par jour?
껠 렐 르 따리프 빠르 쥬르?

저희 소형차는 하루에 100 유로입
니다.
Cela coûte 100[cent] euros par
jour pour une petite voiture.
쓸라 꾸뜨 쌍 뙤로 빠르 쥬르 뿌르 윈느 쁘띠드
부아뛰르.

연료비가 포함된 가격입니까?
Le prix de l'essence est-il
compris?
르 프리 들 레쌍쓰 에 띨 꽁프리?

보험료와 세금은 별도이며 일주일
에 300유로입니다.
300[trois cents] euros TTC par
semaine, assurance comprise.
트르와 쌍 뙤로 떼떼쎄 빠르 쓰멘느 아쒸랑쓰
꽁프리즈.

보증금이 필요합니까?
Dois-je verser une caution?
두아 쥬 베르쎄 윈느 꼬씨용?

공중전화가 어디 있습니까?
Est-ce qu'il y a une cabine téléphonique?
에 스 낄 리 아 윈느 까빈느 뗄레포니끄?

곧장 가다가 두 번째 신호등에서 좌회전 하세요.
Allez tout droit et tournez à gauche au deuxième feu.
알레 뚜 드루아 에 뚜르네 자 고슈 오 되지옘므 푀.

다음 모퉁이에서 우측으로 돌아가세요.
Prenez la première rue à droite.
프르네 라 프르미예르 뤼 아 드롸뜨.

■ 길 묻기

길을 잃었어요.
Je me suis perdu(e).
쥬 므 쒸이 뻬르뒤.

이 지도에 제가 있는 곳이 어디죠?
Pourriez-vous me montrer où nous sommes sur ce plan?
뿌리예 부 므 몽트레 우 누 쏨므 쒸르 쓰 쁠랑?

이 근처에 백화점이 있나요?
Y a-t-il des grands magasins près d'ici?
이 아 띨 데 그랑 마가젱 프레 디씨?

이미 지나왔어요.
Vous l'avez déjà dépassé.
불 라베 데자 데빠쎄.

길을 잘못 들었네요.
Vous vous trompez de chemin.
부 부 트롱뻬 드 슈맹.

...의 맞은 편/옆쪽/뒤쪽에 있어요.
C'est en face de[à côté de] [derrière]....
쎄 떵 화쓰 드 [아 꼬떼 드][데리예르]

경찰에게 물어보는 게 좋겠네요.
Il vaux mieux demander à un agent de police.
일 보 미유 드망데 아 어 나쟝 드 뽈리쓰.

호텔에서

■ 호텔 예약과 체크인

예약을 하고 싶은데요.
Je voudrais réserver une chambre
dans cet hôtel.
쥬 부드레 레제르베 윈느 샹브르 당 쎄 또뗄.

이틀간 묵을 2인실 하나를 예약하
고 싶은데요.
Je voudrais réserver une chambre
à deux lits pour deux nuits.
쥬 부드레 레제르베 윈느 샹브르, 아 될 리 뿌
르 되 뉘.

얼마 동안 묵을 예정이십니까?
Combien de temps restez-vous?
꽁비엥 드 땅 레스떼 부?

2일이요.
2[deux] nuits.
되 뉘이.

죄송합니다. 모두 예약이 끝났습니다.
Désolé(e), c'est déjà complet.
데졸레, 쎄 데쟈 꽁쁠레.

어떤 방을 원하십니까?
Vous voulez une chambre
comment?
부 불레 윈느 샹브르 꼬멍?

전망이 좋은 2인실로 부탁합니다.
Je voudrais une chambre avec vue
pour 2[deux]personnes.
쥬 부드레 쥔느 샹브르 아벡 뷔 뿌르 되 뻬르쏜느.

하룻밤 숙박료가 얼마죠?
Quel est le prix pour une nuit?
껠 렐 르 프리 뿌르 윈느 뉘?

더 싼 방 있나요?
Y a-t-il une chambre moins chère?
이 아 띨 윈느 샹브르 므웽 쉐르?

아침식사가 포함된 요금인가요?
Est-ce que le petit déjeuner est
compris?
에 스 끌 르 쁘띠 데쥬네 에 꽁프리?

■ 호텔 서비스

한국에 전화하고 싶습니다.
Comment peut-on téléphoner en
Coreée du Sud?
꼬멍 뾔 똥 뗄레포네 엉 꼬레 뒤 쒸드?

6시에 모닝콜 좀 해주세요.
Reveillez-moi à 6[six] heures
demain matin, s'il vous plaît.
레베이예 무아 아 씨 죄르 드멩 마뗑. 씰 부 쁠레.

귀중품을 여기에 맡길 수 있을까요?
Voulez-vous garder ces objets de
valeur?
불레 부 가르데 쎄 조브제 드 발뢰르?

감사합니다. 이것은 가지세요.(팁을
주면서)
Merci. Voici pour vous.
메르씨. 부아씨 뿌르 부.

여기 한국어를 할 줄 아는 사람이
있나요?
Y a-t-il quelqu'un qui parle
coréen?
이 아 띨 껠껑 끼 빠흘르 꼬레엥?

짐을 방으로 옮겨줄 사람이 필요한
데요.
J'ai besoin d'un porteur pour mes
bagages.
줴 브주앙 덩 뽀르뙤르 뿌르 메 바가쥬.

방에 금고가 있습니까?
Y a-t-il un coffre dans la
chambre?
이 아 띨 엉 고프르 당 라 샹브르?

인터넷을 어디서 이용할 수 있어요?
Où puis-je utiliser un ordinateur(컴
퓨터)/l'internet(인터넷)?
우 쀠 쥬 위띨리제 어 노르디나뙤르/렝떼르네 ?

이 소포를 한국으로 보내주세요.
Je voudrais envoyer ce colis en
Corée du Sud.
쥬 부드레 정부와이예 스 꼴리 엉 꼬레 뒤 쒸드.

공항 셔틀버스가 얼마나 자주 오나요?
Est-ce qu'il y a souvent une
navette pour l'aéroport?
에스 낄 리 아 쑤방 윈 나베뜨 뿌르 라에로뽀르 ?

■ 체크아웃

몇 시에 체크아웃을 해야 하나요?
À quelle heure faut-il libérer la
chambre?
아 껠 뢰르 포 띨 리베레 라 샹브르?

하루 더 묵고 싶은데요.
Je voudrais rester encore une nuit.
쥬 부드레 레스떼 엉꼬르 윈 뉘이.

하루 일찍 나가고 싶은데요.
Je voudrais partir un jour plus tôt
que prévu.
쥬 부드레 빠르띠르 엉 쥬르 쁠뤼 또 끄 프레뷔.

체크아웃 부탁합니다.
Ma note de ma chambre, s'il vous
plaît.
마 노뜨 드 마 샹브르, 씰 부 쁠레.

11시 30분에 체크아웃하겠습니다.
Je voudrais régler la chambre à
11[onze] heures 30[trente].
쥬 부드레 레글렐 라 샹브르 아 옹 지르 트랑뜨.

계산서를 준비해 주세요.
Préparez la note de ma chambre,
s'il vous plaît.
프레빠렐 라 노뜨 드 마 샹브르, 씰 부 쁠레.

방에 뭘 두고 왔어요.
J'ai oublié quelque chose dans ma
chambre.
줴 우블리예 껠끄 쇼즈 당 마 샹브르.

합계요금이 얼마죠?
Combien est-ce au total?
꽁비엥 에-스 오 또딸?

카드로 계산해도 되나요?
Puis-je payer par carte de crédit?
쀠 쥬 뻬이예 빠르 까르뜨 드 크레디?

여행자수표도 취급하나요?
Puis-je payer par chèque de
voyage?
쀠 쥬 뻬이예 빠르 쉐끄 드 부아야쥬?

여행회화

식당 · 쇼핑

■ 주문하기

메뉴 좀 주세요.
Apportez-moi la carte, s'il vous-plaît.
아뽀르떼-무알 라 꺄르뜨 씰 부 쁠레..

주문하시겠습니까?
Qu'est-ce que vous prenez?
께-스 끄 부 프르네?

음료를 먼저 주문하겠습니다.
Nous allons commander des boissons pour commencer.
누 잘롱 꼬망데 데 부아쏭 뿌르 꼬멍쎄.

조금만 더 기다려주시겠어요?
Puis-je avoir un peu plus de temps?
쀠 쥬 아부아르 엉 쀠 쁠뤼 드 땅?

이 식당에서 잘하는 요리가 뭐죠?
Qu'est-ce qui est la spécialité chez vous?
께스 끼 엘 라 스뻬씨알리떼 셰 부?

오늘의 특별요리가 뭐죠?
Qu'est-ce qui est le plat du jour?
께 스 끼 엘 르 쁠라 뒤 쥬르?

이것과 이걸로 하겠습니다.
Je vais prendre ceci et ceci, s'il vous plaît.
쥬 베 프랑드르 쓰씨 에 쓰씨, 씰 부 쁠레.

(저 남자분/저 여자분) 것과 같은 걸로 주세요.
Je vais prendre la même chose (que ce monsieur / cette dame).
쥬 베 프랑드르 라 멤므 쇼즈 (끄 쓰 무씨유 / 쎄뜨 담므).

더 필요한 거 있으십니까?
Pas d'autre chose?
빠 도트르 쇼즈?

디저트는 무엇으로 하시겠습니까?
Que désirez-vous comme dessert?
끄 데지레-부 꼼므 데쎄르?

■ 쇼핑하기

여성복 매장은 몇 층에 있나요?
Où est le rayon des vêtements
pour les femmes?
우 엘 르 헤이용 데 베뜨멍 뿌를 레 팜므?

이 근처에 면세점이 있나요?
Est-ce qu'il y a des magasins hors
taxe près d'ici?
에쓰 낄 리 아 데 마가젱 오흐 딱쓰 프레 디씨?

전자제품을 어디서 살 수 있어요?
Où est-ce que je peux acheter des
produits électriques?
우 에쓰 끄 쥬 뾔 아슈떼 데 프로뒤 젤렉트릭끄?

무엇을 찾으세요?
Que désirez-vous?
끄 데지레 부?

그냥 구경하고 있어요.
Je regarde seulement.
쥬 르갸르드 쐴르망.

여자 친구에게 선물할 목걸이를 찾
고 있어요.
Je cherche un collier pour ma
petite amie.
쥬 샥슈 엉 꼴리에 뿌르 마 쁘띠따미.

저쪽에 저것 좀 보여주시겠어요?
Montrez-moi cela, s'il vous plaît.
몽트레 무아 쓸라. 씰 부 쁠레.

입어 봐도 되나요?
Je peux l'essayer?
쥬 뾔 레쎄이에?

면세품인가요?
C'est le prix hors-taxes?
쎌 르 프리 오르 딱쓰?

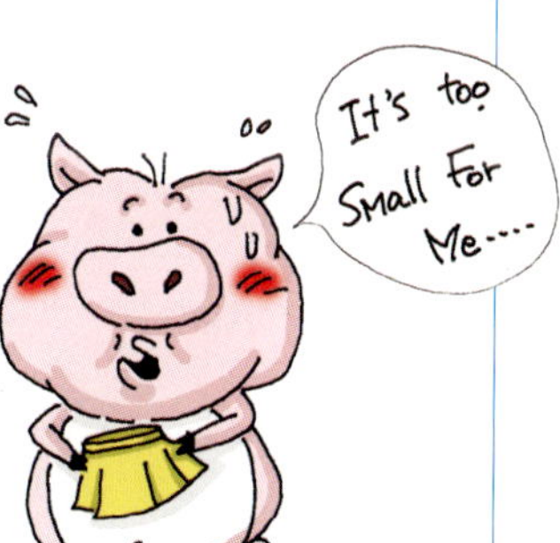

긴급 상황

분실물 취급소가 어디죠?
Où puis-je faire une déclaration
de perte?
우 쀠 쥬 풰르 윈느 데끌라라씨용 드 뻬르뜨?

여권을 잃어버렸어요.
J'ai perdu mon passeport.
줴 뻬르뒤 몽 빠쓰뽀르.

제 카메라를 잃어버렸어요.
J'ai perdu mon appareil photo.
줴 뻬르뒤 모 나빠레이 포토.

가방을 버스에 두고 내렸어요.
J'ai laissé mon sac dans un bus.
줴 레쎄 몽 싹 당 졍 뷔쓰.

어디서 잃어버렸는지 모르겠어요.
Je ne me rappelle pas bien où je
l'ai perdu.
쥬 느 므 라뻴 빠 비옝 우 쥬 레 뻬르뒤.

만약 찾으시면 이 번호로 전화주시
겠어요?
S'il vous plaît, pouvez-vous
m'appeler à ce numéro si vous le
trouvez?
씰 부 쁠레, 뿌베 부 마쁠레 아 쓰 뉴메로 씨 불
르 트루베?

도둑이야! 저놈 잡아라!
Au voleur! Attrapez-le!
오 볼뢰르! 아트라뻬 르!

누가 제 가방을 빼앗아갔어요.
On a pris mon sac.
오 나 프리 몽 싹.

제 시계를 도난당했어요.
On a volé ma montre.
오 나 볼레 마 몽트르.

어젯밤 제 방에 도둑이 들었어요.
Quelqu'un est entré chez moi la
nuit dernière.
껠껑 에 땅트레 셰 무아 라 뉘 데르니에르.

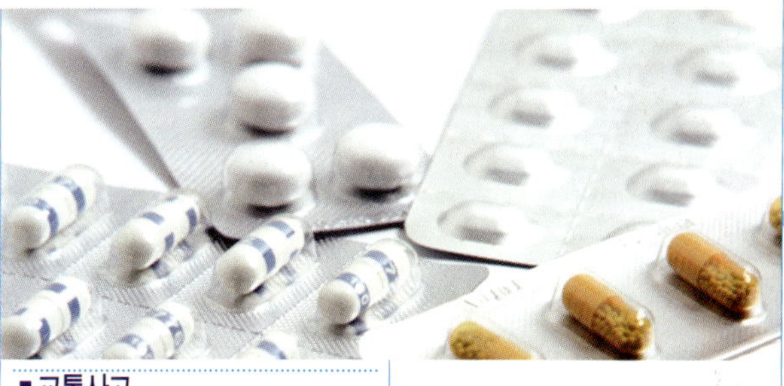

■ 교통사고

누가 경찰 좀 불러주세요!
Appelez la police!
아쁠레 라 뽈리쓰!

위급 상황이에요!
C'est urgent!
쎄 뛰르쟝!

구급차를 불러주세요.
Appelez une ambulance.
아쁠레 윈느 앙뷜랑스 .

교통사고가 났어요.
Il y a un accident de la circulation.
일 리 아 어 낙씨당 들 라 씨르뀔라씨옹.

교통사고를 당했어요.
J'ai eu un accident de la
circulation.
줴 위 어 낙씨당 들 라 씨르뀔라씨옹.

여기 부상당한 사람이 있어요.
Il y a un blessé.
일 리 아 엉 블레쎄.

부상 상태가 어떤가요?
Comment va la victime?
꼬멍 발 라 빅띰므?

출혈이 심합니다.
Il saigne beaucoup.
일 쎄뉴 보꾸.

의식이 없어요.
Il est sans conscience.
일 레 쌍 꽁씨앙스.

숨을 못 쉬겠어요.
Je n'arrive pas à respirer.
쥬 나리브 빠 아 레스삐레.

■ 병원에서

보험에 가입되어 있나요?
Avez-vous une assurance?
아베 부 쥔느 아쒸랑쓰?

여행자 보험이 있어요.
J'ai une assurance de voyages.
줴 윈느 아쒸랑쓰 드 부아아쥬.

진찰을 받고 싶은데요.
Je voudrais voir le médecin, s'il vous plaît.
쥬 부드레 부아를 르 메드쌩, 씰 부 쁠레.

여기 한국어를 하는 의사가 있나요?
Y a-t-il un médecin qui parle le coréen?
이 아 띨 엉 메드쌩 끼 빠흘르 르 꼬레엥?

어디가 아프십니까?
Qù avez-vous mal?
우 아베-부 말?

증상이 어떻습니까?
Comment vous sentez-vous?
꼬멍 부 쌍떼 부?

그가 다리 위에서 떨어졌어요.
Il est tombé du pont.
일 에 똥베 뒤 뽕.

그가 기절했어요.
Il s'est évanoui.
일 쎄 떼바누이.

제 친구가 자동차에 치였어요.
Un ami a été renversé par une voiture.
어 나미 아 에떼 랑베르쎄 빠르 윈느 부아뛰르.

제 친구에게 응급처치를 해주시겠어요?
Pouvez-vous lui donner les premiers soins?
뿌베 불 뤼이 도네 레 프르미예 쑤앙?

몸이 아파요.
Je suis malade.
쥬 쒸이 말라드.

감기에 걸린 것 같아요.
Je pense que j'ai pris froid.
쥬 빵쓰 끄 줴 프리 프롸.

열이 있어요.
J'ai de la fièvre.
줴 들 라 피에브르.

두통이 있어요.
J'ai mal à la tête.
줴 말 알 라 떼뜨.

설사를 해요.
J'ai la diarrhée.
쥬 라 디아레.

기침이 멈추질 않아요.
Je n'arrete pas de tousser.
쥬 나레뜨 빠 드 뚜쎄

계속 구토를 해요.
Je n'arrête pas de vomir.
쥬 나레뜨 빠 드 보미르.

소화가 안 돼요.
Je digère mal.
쥬 디제르 말.

배가 아파요.
J'ai mal au ventre.
쥬 말 오 방트르.

식중독인 것 같네요.
Il me semble que vous avez une intoxication alimentaire.
일 므 쌍블르 끄 부 자베 윈느 엥똑씨까씨용 알리망떼르.

■약국에서

아스피린 있어요?
Puis-je avoir de l'aspirine?
쀠 쥬 아부아르 드 라스피린느?

몸이 안 좋아요.
Je ne me sens pas bien.
쥬 느 므 쌍 빠 비옝.

반창고 좀 주세요.
Je voudrais des bandages, s'il vous plaît.
쥬 부드레 데 방다쥬 씰 부 쁠레.

여기 처방전이 있어요.
Voilà, votre ordonnance.
부알라, 보트르 오르도낭쓰.

처방전 없인 판매할 수 없습니다.
Nous ne pouvons pas vous vendre
ceci sans ordonnance.
누 느 뿌봉 빠 부 방드르 쓰씨 쌍 조르도낭쓰.

이 약을 어떻게 복용하죠?
Comment dois-je prendre ce
médicament?
꼬멍 두와 쥬 프랑드르 쓰 메디까망?

진통제 있어요?
Avez-vous des calmants?
아베 부 데 깔망?

이 처방전대로 조제해주세요.
Donnez-moi les médicaments
prescrits sur cette ordonnance, s'il
vous plaît.
도네 무알 레 메디까망 프레스크리 쒸르 쎄뜨
오르도낭쓰, 씰 부 쁠레.

안약 좀 주세요.
je peux avoir eye-drops, s'il vous
plaît.
쥬 쁴 아부아르 아이 드롭 씰 부 쁠레.

하루에 몇 알을 복용해야 하나요?
Combien de comprimés dois-je
prendre par jour?
꽁비엥 드 꽁프리메 두아 쥬 프랑드르 빠르 쥬르?

소화불량에 어떤 약을 먹어야 하나요?
Qu'est-ce que je dois prendres
pour l'indigestion?
께스 끄 쥬 두아 프랑드르 뿌르 렝디제스띠옹?

식사 전에 복용해야 하나요?
Je le prends avant les repas?
쥬 르 프랑 아방 레 르빠?

얼마나 자주 복용해야 하나요?
Je dois prendre ce médicament
combien de fois par jour?
쥬 두아 프랑드르 쓰 메디까망 꽁비엥 드 푸아
빠르 쥬르?

부작용은 없나요?
Est-ce qu'il n'y a pas d'effets
secondaires?
에 스 낄 니 아 빠 데페 쓰공데르?

알레르기 있으세요?
Est-ce que vous êtes allergiques à
quelque chose?
에 스 끄 부 제뜨 알레르지끄 아 껠끄 쇼즈?

이게 고통을 완화시켜줄 것입니다.
Ceci va vous faire du bien.
쓰씨 바 부 풰르 뒤 비엥.

이걸 복용하시면 졸음이 올 겁니다.
Vous risquez de vous assoupir.
부 리스께 드 부 자쑤삐르.

얼마 동안이나 안정을 취해야 하나요?
Combien de jours dois-je rester au
lit?
꽁비엥 드 쥬르 두아 쥬 레스떼 올 리?

여행을 잠시 멈춰야만 하나요?
Dois-je arrêter de voyager?
두아 쥬 아레떼 드 부아야제?

지금은 한결 나아졌어요.
Je me sens mieux maintenant.
쥬 므 쌍 미유 멩뜨낭

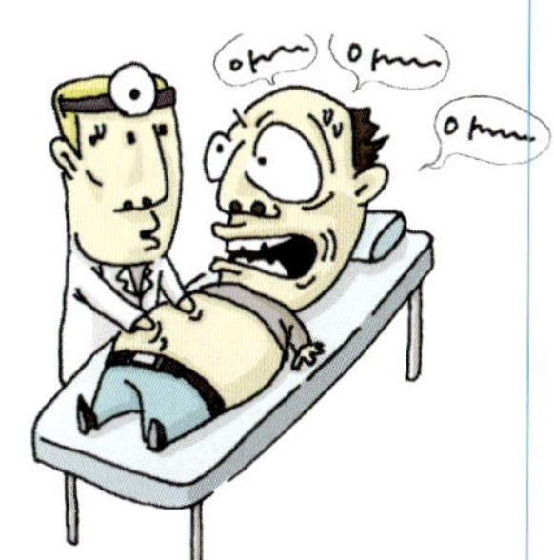

○ **초판 인쇄일** _ 2008년 5월 13일
초판 발행일 _ 2008년 5월 19일
발행인 _ 박정모
발행처 _ 도서출판 혜지원
주소 _ 서울시 동대문구 장안 1동 420-3호
전화 _ 영업부 02)2212-1227, 2213-1227
전화 _ 편집부 02)2249-7975
팩스 _ 02)2247-1227
홈페이지 _ http://www.hyejiwon.co.kr
○ **지은이** _ MOOK 편집실
기획 · 진행 _ 강은혜
디자인, 본문편집 _ 박애리
표지디자인 _ 김경미
영업마케팅 _ 김남권, 고광수, 황대일, 서지영
ISBN _ 978-89-8379-557-1
　　　　　978-89-8379-539-7 (세트)
정가 _ 7,800원